高等院校**程序设计**
新形态精品系列

Python
程序设计基础

| 通识课版 |

林子雨◎编著

PYTHON
PROGRAMMING
LANGUAGE

人 民 邮 电 出 版 社
北 京

图书在版编目（CIP）数据

Python 程序设计基础 ： 通识课版 / 林子雨编著.
北京 ： 人民邮电出版社, 2025. -- (高等院校程序设计新形态精品系列). -- ISBN 978-7-115-65678-0

Ⅰ. TP312.8

中国国家版本馆 CIP 数据核字第 2024G4Q359 号

内 容 提 要

本书详细介绍了获得 Python 基础编程能力所需要掌握的各方面技术。全书共 11 章，内容包括 Python 语言概述、基础语法知识、程序控制结构、序列、函数、模块、异常处理、文件和数据库操作、常用的标准库和第三方库、基于 Matplotlib 的数据可视化、网络爬虫等。每章都安排了入门级的编程实践操作，以便读者更好地学习和掌握 Python 编程方法。

本书可作为高等院校程序设计通识课的教材，也可作为初学者学习 Python 的参考书。

◆ 编　　著　林子雨
　责任编辑　孙　澍
　责任印制　陈　犇

◆ 人民邮电出版社出版发行　　北京市丰台区成寿寺路 11 号
　邮编　100164　　电子邮件　315@ptpress.com.cn
　网址　https://www.ptpress.com.cn
　三河市君旺印务有限公司印刷

◆ 开本：787×1092　1/16
　印张：15.25　　　2025 年 2 月第 1 版
　字数：398 千字　　2025 年 2 月河北第 1 次印刷

定价：59.80 元

读者服务热线：(010)81055256　印装质量热线：(010)81055316
反盗版热线：(010)81055315

前言

计算机编程语言是程序设计的重要工具，它是指计算机能够接收和处理的、具有一定语法规则的语言。从计算机诞生至今，计算机语言经历了机器语言、汇编语言和高级语言3个阶段，如今被广泛使用的高级语言包括C、C++、Java、Python、C#等。随着信息技术的发展，计算机程序设计在高校中成为一门必修的基础课程，学习这门课程的关键是选择一种合适的编程语言（高级语言）。以前，大部分高校采用的编程语言是C、C++或Java，但是最近几年，Python凭借其独特的优势逐渐崭露头角。Python是目前非常流行的编程语言，具有简洁、易读、可扩展等特点，已经被广泛应用于Web开发、系统运维、搜索引擎、机器学习、游戏开发等多个领域。在当前这个云计算、大数据、物联网、人工智能、区块链等新兴技术蓬勃发展的新时代，Python正扮演着越来越重要的角色。对于编程初学者而言，Python是学习编程的理想选择。对于高校教学而言，Python也正逐渐替代C语言成为大学生的编程入门语言。从解决计算问题的角度来看，传统的C、Java和Visual Basic（简称VB）语言过分强调语法，并不适合非计算机专业的学生使用，而Python语言作为“轻语法”的程序设计语言，相比其他语言而言更易操作。

笔者带领的厦门大学计算机科学与技术系数据库实验室团队，是在国内高校具有较大影响力的、专注于大数据教学的团队。我们在多年的大数据教学实践中发现，Python已经被广泛应用于数据科学领域，在数据采集、数据清洗、数据处理分析和数据可视化环节都有出色表现，此外，Python也是人工智能领域的重要编程语言。

综上所述，无论是对于计算机专业，还是对于非计算机专业，Python都已经成为大学生必学的一种编程语言。优秀的教材是在全国高校开展Python教学的基础，到目前为止，这个领域已经有不少具有较高影响力的教材，我们团队算是Python教材创作的“后来者”。但是，我们仍然希望能够凭借自己独特的视角和丰富的教学实践经验，为全国高校的Python教材创作贡献绵薄之力。作为“后来者”，我们在全面分析国内外多种同类教材的基础上，充分借鉴其他教材的长处，努力克服其他教材的短板，争取创作一本让高校非计算机专业的教师、学生获得更好的教学和学习体验的优秀教材。

本书的教学目的是引导非计算机专业的初学者掌握Python语言的基本语法，锻炼其实际动手能力和逻辑思维能力，使其能将理论知识应用于解决各种实际问题。本书共11章，内容编排由浅入深，全面介绍了Python的基本语法和初级编程方法。第1章是Python语言概述，从计算机语言开始讲起，然后给出Python简介，并介绍Python开发环境的搭建和Python规范。第2章是基础语法知识，介绍Python语言的关键字和标识符、变量、基本数据类型、基本输入和输出、运算符和表达式。第3章是程序控制结构，先给出程序控制结构概述，再介绍选择语句、循环语句和跳转语句，并给出一些综合实例。第4章是序列，重点介绍列表、元组、字典、集合和字符串。第5章是函数，介绍Python中的两种函数（普通函数和匿名函数）、参数传递、参数类型以及内置函数。第6章是模块，介绍模块的创建和使用方法、Python自带的标准模块以及如何使用pip管理Python扩展模块。第7章是异常处理，介绍异常的概念、内置异常类层次结构、异常处理结构等相关知识。第8章是文件和数据库操作，介绍文件操作、文件读写和目录操作的方法，以及数据库、关系数据库标准语言SQL、MySQL的安装和使用方法、如何使用Python操作MySQL数据库等。第9章是常用的标准库和第三方库，介绍turtle库、random库、time库、datetime库、PyInstaller库、jieba库、

wordcloud库、Pillow库和math库等。第10章是基于Matplotlib的数据可视化，首先给出Matplotlib简介，然后介绍Matplotlib的安装和导入、常规绘图方法，最后介绍常规图表的绘制方法。第11章是网络爬虫，首先给出网络爬虫概述和网页基础知识，然后介绍用Python实现HTTP请求、定制requests及解析网页的方法，最后给出两个综合实例，该章内容具有一定的难度，实际教学中可以根据情况将其作为选学内容。

本书由林子雨执笔。在撰写过程中，厦门大学计算机科学与技术系硕士研究生周凤林、吉晓函、刘浩然、周宗涛、黄万嘉、曹基民等做了大量辅助性的工作，在此，编者向这些同学表示衷心的感谢。同时，也感谢夏小云老师在书稿校对过程中的辛勤付出。

笔者创建了高校大数据课程公共服务平台，发布笔者已出版教材的配套教学资源及勘误信息，该平台的网址为http://dblab.xmu.edu.cn/post/python-basic，登录该网站可免费获取全部配套资源。

本书在撰写过程中，参考了大量的网络资料和相关图书，对Python知识体系进行了系统的梳理，选择性地把一些核心内容纳入本书。由于笔者能力有限，本书难免存在不足之处，望广大读者不吝赐教。

林子雨

厦门大学计算机科学与技术系数据库实验室

2024年12月

目录 CONTENTS

第1章 Python语言概述

第2章 基础语法知识

第3章 程序控制结构

第4章 序列

第5章 函数

第6章 模块

第7章 异常处理

第8章 文件和数据库操作

第9章 常用的标准库和第三方库

第10章 基于Matplotlib的数据可视化

第11章 网络爬虫

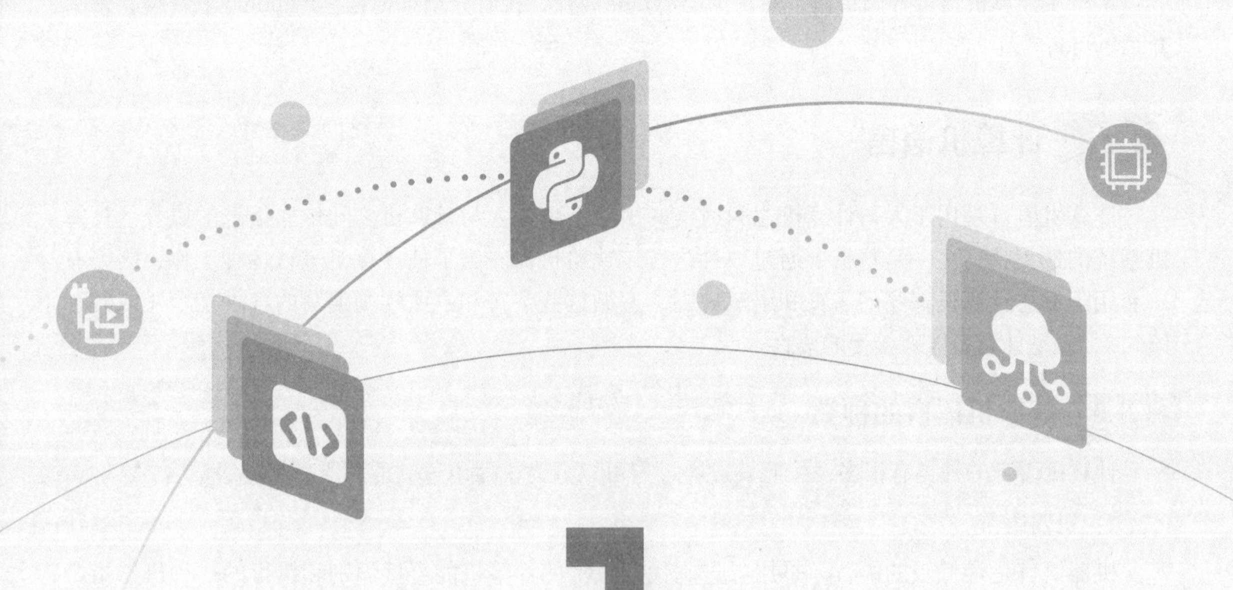

第 1 章 Python语言概述

Python是目前非常流行的编程语言，具有简洁、易读、可扩展等特点，已经被广泛应用于多个领域。从Web开发到系统运维、搜索引擎，再到机器学习，甚至在游戏开发中，都能够看到Python“大显身手”。在当前这个云计算、大数据、物联网、人工智能、区块链等新兴技术蓬勃发展的时代，Python正扮演着越来越重要的角色。对于编程初学者而言，Python是学习编程的理想选择。

本章从计算机语言开始讲起，然后给出Python简介，接着介绍如何搭建Python开发环境，最后介绍Python规范。

1.1 计算机语言

计算机语言是用于人与计算机之间通信的语言，也是人与计算机之间传递信息的媒介。计算机系统的最大特征之一是将指令通过一种语言传达给机器。为了使计算机进行各种工作，需要有一套用于编写计算机程序的字符和语法规则，遵循这些字符和语法规则编写的各种指令（或各种语句），就是计算机能够接受的语言。

1.1.1 计算机语言的种类

计算机语言的种类有很多，按照其发展过程可以分为机器语言、汇编语言和高级语言。

1. 机器语言

机器语言是最低级的语言，是用二进制代码表示的计算机能直接识别和执行的一种机器指令的集合。识别和执行机器语言是计算机设计者通过计算机的硬件结构赋予计算机的操作功能。机器语言具有灵活、可直接执行和执行速度快等特点。不同型号的计算机使用不同的机器语言，这些机器语言是不相通的，按照一种计算机的机器语言编写的程序，不能在另一种计算机上执行。在计算机发展的早期阶段，程序员使用机器语言来编写程序，编出的程序全是由0和1构成的指令代码，可读性差，还容易出错。计算机语言发展到今天，除了计算机生产厂家的专业人员外，绝大多数的程序员已经不再学习机器语言了。

2. 汇编语言

汇编语言是用于电子计算机、微处理器、微控制器或其他可编程机器的低级语言，也称为“符号语言”。在汇编语言中，助记符代替了机器指令的操作码，地址符号或标号代替了机器指令或操作数的地址，从而增强了程序的可读性，并降低了编程难度。使用汇编语言编写的程序不能直接被机器识别，还要由汇编程序（或者叫“汇编语言编译器”）将其转换成机器指令。汇编语言的目标代码简短，占用内存少，执行速度快，是高效的程序设计语言，到现在依然是常用的编程语言之一。但是，汇编语言只是将机器语言做了简单编译，并没有从根本上解决机器语言的特定性问题，所以，汇编语言和机器自身的编程环境是息息相关的，推广和移植比较困难。

3. 高级语言

由于汇编语言依赖于硬件体系，且助记符量大难记，因此人们又发明了更加简单易用的高级语言。和汇编语言相比，高级语言不但将许多相关的机器指令合为单条指令，还去掉了与具体操作有关但与完成工作无关的细节，如使用堆栈、寄存器等，这样就大大简化了程序中的指令。同时，由于去掉了很多细节，编程者也就不需要具备太多的专业知识，经过一定的学习之后就可以编程。但是，用高级语言设计的程序代码一般比用汇编语言设计的程序代码长，执行的速度也更慢。

高级语言主要是相对于低级语言而言的，它并不是特指某一种具体的语言，而是包括很多种编程语言，如流行的Java、C、C++、C#、Pascal、Python、Scala、PHP等，这些语言的语法、命令格式都各不相同。

用高级语言编写的程序不能直接被计算机执行，必须经过转换才能被执行。按转换方式可将高级语言分为两种类型：解释型和编译型。对于解释型的高级语言（比如Python）而言，应用程序源代码一边由相应语言的解释器“翻译”成目标代码（机器语言），一边被执行，因此效率相对较低，而且不能生成可独立执行的可执行文件，应用程序不能脱离其解释器，但这种方式比较灵活，可以动态地调整、修改应用程序。对于编译型的高级语言（比如Java）而言，在执行应用程序源代码之前，需要先将源代码“翻译”成目标代码（机器语言），因此，其目标程序可以脱离语言环境独立执行，使用比较方便、效率较高，但是应用程序一旦需要修改，必须先修改源代码，再重新编译生成新的目标文件才能执行。

1.1.2 编程语言的选择

Python语言是一种解释型、面向对象的计算机程序设计语言，被广泛用于计算机程序设计教学、系统编程、科学计算等，特别适用于快速的应用程序开发。目前，各大高校越来越重视Python教学，Python已经成为最受欢迎的程序设计语言之一。与传统编程语言所具有的复杂开发过程不同，Python在操作上非常方便、快捷，学习者容易掌握。学习Python还可以提升学习者的编程效率，并增强其学习信心。具体而言，Python的主要优势如下。

（1）入门容易。与C、C++、Java语言相比，用Python语言编写程序时不需要建立main()函数，学习者比较容易掌握和实现计算机算法。而且，Python不涉及大量的语法知识，学习者只要在理解的基础上掌握部分环节即可，有利于实现学习资源的合理配置。

（2）功能强大。当使用Python语言编写程序时，不需要考虑如何管理程序使用的内存之类的细节。并且，Python有丰富的库，其中既有官方开发的，也有第三方开发的，很多功能模块都已经在库中写好了，只需要调用库即可，不需要“重新发明轮子”。

（3）应用领域非常广泛。Python语言可以应用到网站后端开发、自动化运维、数据分析、游戏开发、自动化测试、网络爬虫、智能硬件开发等多个领域。

此外，类似Python的编程语言也是高级语言发展的必然趋势。从程序设计语言发展角度来看，高级语言在设计方面一直在追求接近人类的自然语言。C、Java、VB等都在朝着这个方向发展，而Python则更进了一步，它提供了十分接近人类理解习惯的语法形式。应该说，Python语言优化了高级语言的表达形式，简化了程序设计过程，提升了程序设计效率。

1.2 Python简介

本节介绍什么是Python、Python语言的特点及Python语言的应用。

1.2.1 什么是Python

Python（发音为['paɪθən]）是1989年由荷兰人吉多·范罗苏姆（Guido van Rossum）发明的一种面向对象的解释型高级编程语言，它的标志如图1-1所示。Python的第一个公开发行版于1991年发行，在2004年以后，Python的使用率呈线性增长，并获得“2021年TIOBE最佳年度语言”称号，这是Python第5次被评为“TIOBE最佳年度语言”，它也是获此称号次数最多的编程语言。发展到今天，Python已经成为最受欢迎的程序设计语言之一。

Python常被称为“胶水语言”，它能够把用其他语言（尤其是C/C++）制作的各种模块很轻松地连接在一起。常见的一种应用情形是，使用Python快速生成程序的原型（有时甚至是程序的最终界面），然后对其中有特别要求的部分用更合适的语言进行重写，比如3D游戏中的图形渲染模块，其对性能要求特别高，就可以用C/C++重写，而后封装为Python可以调用的扩展类库。

图1-1 Python的标志

Python的设计哲学是“优雅”“明确”“简单”。在设计Python语言时，Python开发者会面临多种选择，但他们拒绝了花哨的语法，而选择了明确的、没有或者很少有歧义的语法。总体来说，选择Python开发程序具有简单、开发速度快、节省时间和精力等特点，因此，在Python开发领域流传着这样一句话：“人生苦短，我用Python。”

1.2.2 Python语言的特点

Python作为一种高级语言，虽然其诞生的时间并不长，但是发展速度很快，已经成为很多编程爱好者入门编程的第一种编程语言。但是，作为一种编程语言，Python也和其他编程语言一样，有着自己的优点和缺点。

1．Python语言的优点

（1）语言简单。Python是一门语法简单且风格简约的易读语言。它注重的是如何解决问题，而不是编程语言本身的语法结构。Python语言丢掉了分号以及花括号这些仪式化的东西，使得语法结构尽可能地简洁，代码的可读性显著提高。

相较于C、C++、Java等编程语言，Python提高了开发者的开发效率，削减了C、C++、Java中一些较为复杂的语法，降低了编程工作的复杂程度。实现同样的功能时，Python语言所包含的代码量是最少的，代码行数是其他编程语言代码行数的1/5 ~ 1/3。

（2）开源、免费。开源，即开放源代码，也就是所有用户都可以看到源代码。Python的开源体现在两方面：一方面，程序员使用 Python 编写的代码是开源的；另一方面，Python解释器和模块是开源的。

开源并不等于免费，开源软件和免费软件是两个概念，只不过大多数的开源软件也是免费软件。Python 就是这样一种语言，它既开源又免费。用户使用Python进行开发或者发布自己的程序时，不需要支付任何费用，也不用担心版权问题，即使用于商业用途，Python也是免费的。

（3）面向对象。面向对象的程序设计更加接近人类的思维方式，它是对现实世界中客观实体进行的结构和行为的模拟。Python语言完全支持面向对象编程，如支持继承、重载运算符、派生以及多继承等。与C++和Java相比，Python以一种非常强大而简单的方式实现面向对象编程。

需要说明的是，Python在支持面向对象编程的同时，也支持面向过程编程，也就是说，它不强制使用面向对象编程，这使其更加灵活。在面向过程的编程中，程序是由过程或仅仅是可重用代码的函数构建起来的。在面向对象的编程中，程序是由数据和功能组合而成的对象构建起来的。

（4）跨平台。由于Python是开源的，因此它已经被移植到了许多平台上。如果能够避免使用那些依赖于系统的特性，就意味着所有Python程序都无须修改就可以在很多平台上运行，这些平台包括Linux、Windows、FreeBSD、Solaris等，甚至还包括Pocket PC、Symbian以及Google公司基于Linux开发的Android平台。

解释型语言几乎天生就是跨平台的。Python作为一种解释型语言，天生具有跨平台的特点，只要为一个平台提供了相应的Python解释器，Python程序就可以在该平台上运行。

（5）强大的生态系统。在实际应用中，Python语言的用户绝大多数并非专业开发者，而是其他领域的编程爱好者。对于这一部分用户来说，他们学习Python语言的目的不是进行专业的程序开发，而仅仅是使用现成的类库去解决实际工作中的问题。Python极其强大的生态系统刚好能够满足这些用户的需求，这在整个计算机语言发展史上都是开天辟地式的创举，也是Python语言在多个领域流行的原因。

Python强大的生态系统也给专业开发者带来了极大的便利。大量成熟的第三方库可以直接调用，专业开发者只需要使用很少的语法结构就可以编写出功能强大的代码，缩短了开发周期，提高了开发效率。常用的Python第三方库包括Matplotlib（数据可视化库）、NumPy（数值计算功能库）、SciPy（数学、科学、工程计算功能库）、pandas（数据分析高层次应用库）、scikit-learn（机器学习功能库）、Scrapy（网络爬虫功能库）、BeautifulSoup［HTML（Hypertext Markup Language，超文本标记语言）和XML（Extensible Markup Language，可扩展标记语言）的解析库］、Django（Web应用框架）、Flask（Web应用微框架）等。

2．Python语言的缺点

（1）运行速度慢。运行速度慢是解释型语言的通病，Python也不例外。由于Python是解释型语言，所以它的运行速度会比C、C++、Java的稍微慢一些。但是，由于现在的硬件配置都非常高，硬件性能的提升可以弥补软件性能的不足，所以运行速度慢对于使用Python开发的应用程序基本上没有影响，只有一些对实时性要求比较高的程序可能会受到一些影响，但是也有解决办法，比如可以嵌入C程序。

（2）存在多线程性能瓶颈。Python中存在全局解释器锁（Global Interpreter Lock），它是一个互斥锁，只允许一个线程来控制Python解释器。Python的默认解释器要执行字节码时，需要先申请这个锁。这意味着在任何时间点，只有一个线程可以处于执行状态。执行单线程程序的开发人员感受不到全局解释器锁的影响，但它却成为多线程程序中的性能瓶颈。

（3）代码不能加密。我们在发布Python程序时，实际上就是在发布源代码。这一点跟C语言不同，发布C语言程序时不用发布源代码，只需要把编译后的机器码（也就是在Windows上常见的EXE文件）发布出去。从机器码反推出源代码是不可能的，所以，凡是编译型的语言都没有这个问题。而对于Python这样的解释型语言，我们在发布程序时必须把源代码发布出去。

（4）Python 2.x和Python 3.x不兼容。一个普通的软件或者库如果不能够做到向后兼容，通常会被用户抛弃。Python的一个饱受诟病的地方就是Python 2.x和Python 3.x不兼容。Python的3.0.0版本是2008年12月发布的，在从Python 2.x向Python 3.x过渡的很长一段时间内，Python 2.x和Python 3.x的不兼容问题给Python开发人员带来了无数烦恼。幸运的是，Python 3.x经过10多年的发展，功能日益完善，目前Python开发人员基本都使用Python 3.x，不再被版本不兼容问题困扰。

1.2.3 Python语言的应用

Python语言发展到今天，已经被广泛应用于数据科学、人工智能、网站开发、系统管理和网络爬虫等领域。

1．数据科学

Python被广泛应用于数据科学领域。在数据采集环节，在第三方库Scrapy的支持下，我们可以编写网络爬虫程序以采集网页数据。在数据清洗环节，第三方库Pandas提供了功能强大的类库，可以帮助我们清洗数据、排序数据，最后得到清晰明了的数据。在数据处理分析环节，第三方库NumPy和SciPy提供了丰富的科学计算和数据分析功能，包括统计、优化、整合、线性代数模块、傅里叶变换、信号和图像图例、常微分方程求解、矩阵解析和概率分布等。在数据可视化环节，第三方库Matplotlib提供了丰富的数据可视化图表。

2．人工智能

虽然人工智能程序可以使用各种不同的编程语言开发，但是Python语言在人工智能领域具有独特的优势。在人工智能领域，有许多基于Python语言的第三方库，如scikit-learn、Keras和NLTK等。其中，scikit-learn是基于Python语言的机器学习工具，提供了简单高效的数据挖掘和数据分析功能；Keras是一个基于Python语言的深度学习库，提供了用Python编写的高级神经网络API（Application Program Interface，应用程序接口）；NLTK是Python自然语言工具包，用于标记化、词形还原、词干化、解析、POS（Part-of-Speech，词性）标注等任务。此外，深度学习框架TensorFlow、Caffe等的主体都是用Python实现的，其提供的原生接口也是面向Python的。

3．网站开发

在网站开发方面，Python具有Django、Flask、Pyramid、Bottle、Tornado、web2py等框架，使用Python开发的网站具有小而精的特点。知乎、豆瓣、美团、饿了么等网站都是使用Python开发的。这一方面说明了Python作为网站开发语言的受欢迎程度，另一方面也说明了用Python开发的网站能经受住大规模用户并发访问的考验。

4．系统管理

Python简单易用、语法优美，特别适用于系统管理这一应用场景。经典的开源云计算平台OpenStack就是使用Python语言开发的。除此之外，Python生态系统中还有Ansible、Salt等自动化部署工具，它们也是使用Python语言开发的。这么多应用广泛、功能强大的系统管理工具都使用Python语言开发，反映了Python语言非常适用于系统管理的事实。

5．网络爬虫

网络爬虫是一个自动抓取网页的程序，它为搜索引擎从万维网上下载网页，是搜索引擎的重要组成部分。Scrapy就是用Python实现的网络爬虫框架，用户只需要定制开发几个模块就可以轻松地实现一个网络爬虫，抓取网页中的内容或者各种图片。

1.3 搭建Python开发环境

本节介绍安装Python、设置当前工作目录、使用交互式执行环境、运行代码文件、使用IDLE（Integrated Development and Learning Environment，集成开发和学习环境）编写代码以及第三方开发工具。

1.3.1 安装Python

Python可以用于多种操作系统，包括Windows、Linux和macOS等。本书采用的操作系统是Windows 7或以上版本，使用的Python版本是3.12.2版本（该版本于2024年2月6日发布）。请读者到Python官方网站下载与自己的计算机操作系统匹配的安装包，比如，64位Windows操作系统可以下载python-3.12.2-amd64.exe。运行安装包开始安装，在安装过程中，要注意选中“Add python.exe to PATH”复选框，如图1-2所示，这样可以在安装过程中自动配置PATH环境变量，避免了手动配置的烦琐过程。

然后，单击“Customize installation”继续安装，在选择安装路径时，可以自定义安装路径，比如设置为“C:\python312”，并在“Advanced Options”下方选中“Install Python 3.12 for all users”复选框（见图1-3）。

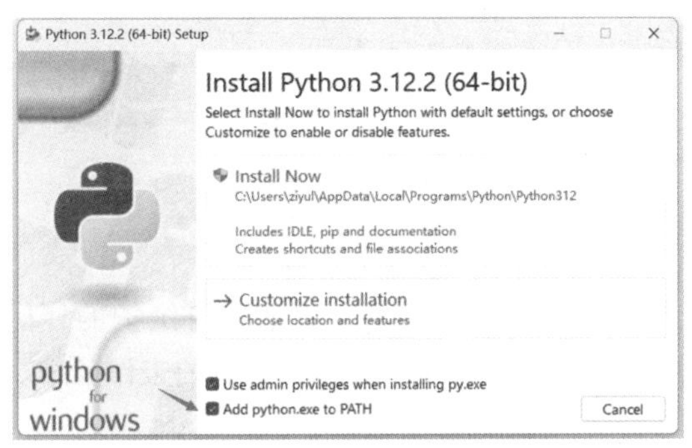

图1-2 配置PATH环境变量

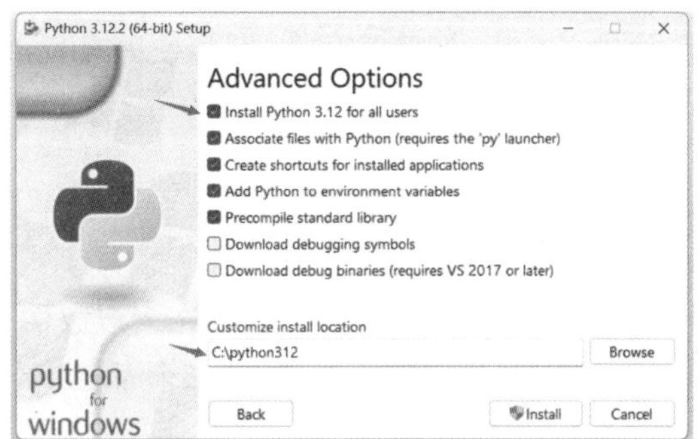

图1-3 设置安装路径

安装完成以后，需要检测是否安装成功。可以打开Windows操作系统的“命令提示符”（cmd命令）窗口，执行如下命令打开Python解释器：

```
> cd C:\python312
> python
```

如果出现图1-4所示的信息，则说明Python已经安装成功。

```
C:\Windows\system32\cmd.exe - python
Microsoft Windows [版本 10.0.22621.4]
(c) Microsoft Corporation。保留所有权利。

C:\Users\ziyul>cd C:\python312

C:\python312>python
Python 3.12.2 (tags/v3.12.2:6abddd9, Feb  6 2024, 21:26:36) [MSC v.1937 64 bit (AMD64)] on win32
Type "help", "copyright", "credits" or "license" for more information.
>>>
```

图1-4 Python安装成功

1.3.2 设置当前工作目录

Python的当前工作目录是指Python解释器当前正在使用的目录。当运行Python脚本或交互式解释器时，Python解释器会有一个默认的或设置好的当前工作目录，它会在此目录中查找文件或目录。例如，如果尝试打开一个文件而不指定其完整路径，Python解释器会在当前工作目录中查找该文件。

当我们在“命令提示符”窗口中使用“python”命令打开Python解释器时，在哪个目录下执行“python”命令，该目录就会成为Python的当前工作目录。比如，在“命令提示符”窗口中执行如下命令：

```
> cd C:\
> python
```

这时，进入Python解释器以后，当前工作目录就是“C:\”。

再比如，在“命令提示符”窗口中执行如下命令：

```
> cd C:\python312
> python
```

这时，进入Python解释器以后，当前工作目录就是“C:\python312”。

进入Python解释器以后，可以使用Python的os模块来查看当前工作目录：

```
>>> import os
>>> print(os.getcwd())
C:\python312
```

虽然Python的当前工作目录在大多数情况下都是有用的，但在编写可移植和可维护的代码时，最好使用绝对路径或相对于某个固定点的相对路径来引用文件，而不是依赖于当前工作目录。

1.3.3 使用交互式执行环境

图1-4呈现的界面就是一个交互式执行环境（或称为“解释器”），可以在Python命令提示符“>>>”后面输入各种Python代码，按“Enter”键后就会立即看到执行结果，比如：

```
>>> print("Hello World")
Hello World
>>> 1+2
3
>>> 2*(3+4)
14
```

1.3.4 运行代码文件

假设在Windows操作系统的Python安装目录下已经存在一个代码文件hello.py，该文件里面只有如下一行代码：

```
print("Hello World")
```

现在我们要运行这个代码文件。可以打开Windows操作系统的“命令提示符”窗口，在命令提示符后面输入如下命令并执行：

```
> python C:\python312\hello.py
```

执行结果如图1-5所示。

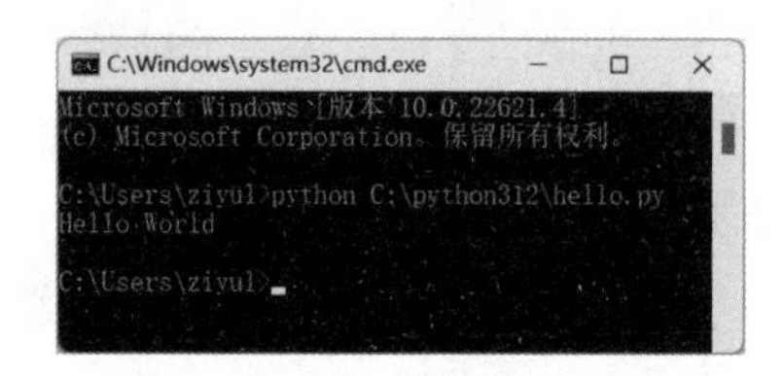

图1-5 在“命令提示符”窗口中执行Python代码文件

1.3.5 使用IDLE编写代码

Python安装成功以后，会自带集成式开发环境IDLE，它是一个Python Shell，程序开发人员可以利用Python Shell与Python交互。

在Windows操作系统的“开始”菜单中找到“IDLE(Python

3.12 64-bit)”，单击进入IDLE主窗口，如图1-6所示。窗口左侧会显示Python命令提示符“>>>”，在提示符后面输入Python代码，按“Enter”键后就会立即执行并返回结果。

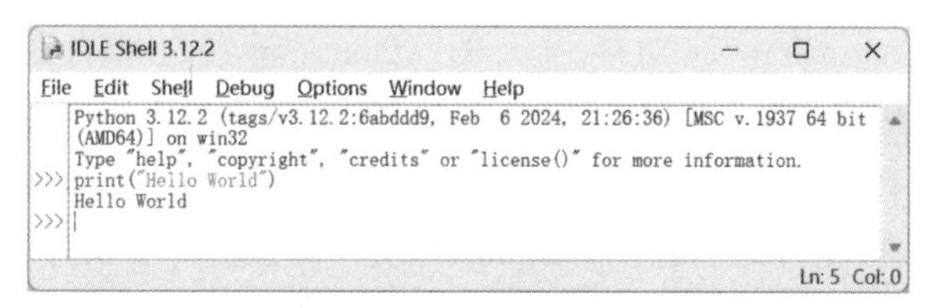

图1-6　IDLE主窗口

如果要创建一个代码文件，可以在IDLE主窗口的顶部菜单栏中选择“File→New File”，然后就会弹出图1-7所示的文件窗口，可以在里面输入Python代码。最后，在顶部菜单栏中选择“File→Save As…”，把文件保存为hello.py。

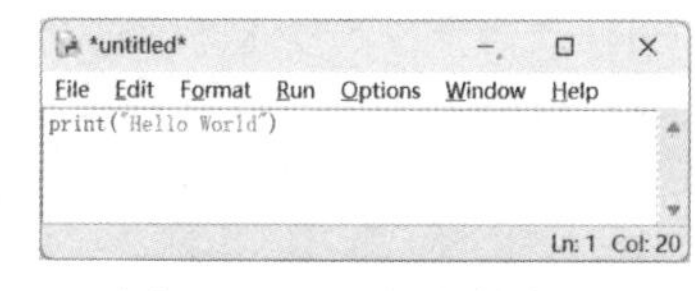

图1-7　IDLE的文件窗口

如果要运行代码文件hello.py，可以在IDLE的文件窗口的顶部菜单栏中选择“Run→Run Module”（或者直接按“F5”快捷键），这时就会开始运行程序。程序运行结束后，会在IDLE主窗口中显示执行结果，如图1-8所示。

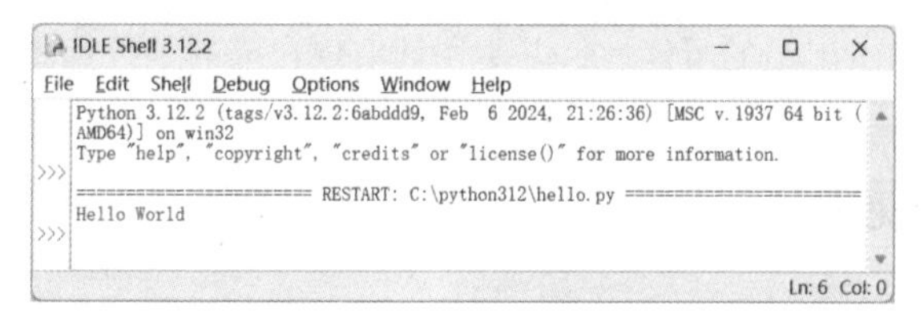

图1-8　程序执行结果

在实际开发中，可以使用IDLE常用快捷键（见表1-1）来提高程序开发效率。

表 1-1　IDLE 常用快捷键

快捷键	功能说明
F1	打开Python帮助文档
F5	运行Python代码文件
Ctrl+]	缩进代码块
Ctrl+[	取消代码块缩进
Ctrl+F6	重新启动IDLE Shell
Ctrl+Z	撤销上一步操作
Ctrl+Shift+Z	恢复上一次撤销的操作
Ctrl+S	保存文件
Alt+P	浏览历史命令（上一条）
Alt+N	浏览历史命令（下一条）
Alt+/	自动补全前面出现过的单词，如果之前有多个单词具有相同前缀，可以连续按该快捷键，在多个单词中循环选择
Alt+3	注释代码块
Alt+4	取消代码块注释
Alt+G	转到某一行

1.3.6 第三方开发工具

除了Python自带的IDLE以外，我们还可以选择第三方开发工具进行Python编程。

（1）PyCharm。PyCharm是一款功能强大的Python编辑器，具有跨平台性，可以应用于Windows、Linux和macOS等操作系统中。PyCharm拥有一般的集成式开发环境应该具备的功能，如调试、语法高亮、项目管理、代码跳转、智能提示、自动完成、单元测试、版本控制等。另外，PyCharm还提供了一些很好的功能用于Django开发，而且支持Google App Engine。

（2）Eclipse。Eclipse是经典的、跨平台的自由集成式开发环境，最初主要用于Java开发，但是通过安装插件，可以将其作为其他计算机语言（如C++和Python）的开发工具。如果要使用Eclipse进行Python开发，则需要安装插件PyDev。

（3）Jupyter Notebook。Jupyter Notebook最初只支持Python开发，后来发展到可以支持其他40多种编程语言开发，目前已经成为用Python做教学、计算、科研的一个重要工具。

（4）IntelliJ IDEA。IntelliJ IDEA（简称IDEA）是使用Java语言开发的集成式开发环境，也是业界公认的最好的Java开发工具之一。在IDEA中安装Python解释器插件以后，就可以使用IDEA进行Python开发了。IDEA提供了丰富的代码编辑功能，包括语法高亮、代码格式化、智能提示等，大大提升了编写Python代码的效率和舒适度。无论是初学者还是有经验的开发者，都能够受益于这些强大的编辑功能，减少出错的可能性，并更快地实现自己的编码意图。

1.4 Python规范

本节简要介绍Python规范，包括注释规则和代码缩进，完整的Python规范请参考PEP 8（可于Python官方网站查询）。在编写Python程序时，应该严格遵循这些规范。

1.4.1 注释规则

为代码添加注释是一个良好的编程习惯，因为添加注释有利于代码的阅读和维护。在Python中，通常有3种类型的注释，分别是单行注释、多行注释和编码规则注释。

1．单行注释

Python中使用“#”表示单行注释。单行注释可以作为单独的一行放在被注释代码行之前，也可以放在语句或表达式之后。

例1-1 单行注释作为单独的一行放在被注释代码行之前。

```
pi = 3.14
r = 2
# 使用面积公式求出圆的面积
area = pi*r*r
print(area)
```

当单行注释作为单独的一行放在被注释代码行之前时，为了保证代码的可读性，建议在“#”后面添加一个空格，再添加注释内容。

例1-2 单行注释放在语句或表达式之后。

```
length = 3                    # 矩形的长
```

```
name1
my_name
```

以下是非法的标识符：

```
4gen        # 以数字开头
for         # 属于Python中的关键字
$book       # 包含特殊字符$
```

2.2 变量

变量就是在程序运行过程中值可以被改变的量。和变量相对应的是常量，也就是在程序运行过程中值不能被改变的量。需要注意的是，Python并没有提供定义常量的关键字，不过，PEP 8定义了常量的命名规范，即常量名由大写字母和下画线（_）组成。在实际应用中，常量首次被赋值以后，其值还是可以被其他代码修改的。

变量的命名需要遵循以下规则。

（1）变量名必须是一个有效的标识符。

（2）变量名不能使用Python中的关键字。

（3）应选择有意义的单词作为变量名。

在使用每个变量前都必须为其赋值，赋值以后该变量才会在内存中被创建。Python中的变量在赋值时不需要进行类型声明。变量赋值要使用等号运算符（=），等号运算符左边是一个变量名，右边是存储在变量中的值。

例如，创建一个整型变量并为其赋值，可以使用如下语句：

```
>>> num = 128
```

可以看出，在为变量num赋值时，并没有声明其类型为整型，Python解释器会根据赋值语句来自动推断变量类型。

需要注意的是，Python 3.x中允许变量名是中文字符，例如：

```
>>> 姓名 = "小明"
>>> print(姓名)
小明
```

但是，在实际编程中，不建议使用中文字符作为变量名。

在Python中，允许多个变量指向同一个值，例如：

```
>>> x=5
>>> id(x)
8791631005488
>>> y=x
>>> id(y)
8791631005488
```

在这段代码中，内置函数id()用来返回变量所指值的内存地址。可以看出，变量y和变量x具有相同的内存地址，这是因为Python采用的是基于值的内存管理方式，如果为不同的变量赋相同的值，这个值在内存中只有一份，多个变量指向同一内存地址。

当修改其中一个变量的值时，其内存地址将会发生变化，但是，这不会影响另一个变量。例如，我们可以在上面例子的基础上继续执行如下代码：

```
>>> x+=3
>>> x
8
>>> id(x)
8791631005584
>>> y
5
>>> id(y)
8791631005488
```

可以看出，在修改了变量x的值以后，其内存地址也发生了变化，但是变量y的内存地址没有发生变化。

需要说明的是，Python具有内存自动管理功能，对于没有任何变量指向的值，Python会自动将其删除，回收内存空间。因此，一般情况下开发人员不需要考虑内存的管理问题。

Python还允许为多个变量同时赋值，例如：

```
>>> a = b = c = 1
>>> id(a)
8791631005360
>>> id(b)
8791631005360
>>> id(c)
8791631005360
```

上面的赋值语句“a = b = c = 1”创建了一个整型对象，值为1。可以看出，3个变量a、b和c被分配到了相同的内存空间。

另外，Python语言是一种动态类型语言，变量的类型是可以随时变化的，例如：

```
>>> number = 512                    # 整型的变量
>>> print(type(number))
<class 'int'>
>>> number = "一流大学"             # 字符串类型的变量
>>> print(type(number))
<class 'str'>
```

在上面的代码中，内置函数type()用来返回变量的类型。可以看出，在刚开始创建变量number时，变量被赋值为512，变量的类型为整型。为变量number赋值“一流大学”后，它的类型就变为了字符串类型。

2.3 基本数据类型

Python 3.x中有6个标准的数据类型，分别是数字、字符串、列表（list）、元组、字典和集合。这6个标准的数据类型又可以进一步划分为基本数据类型和组合数据类型。其中，数字和字符串是基本数据类型，将在本节介绍；列表、元组、字典和集合是组合数据类型，将在第4章介绍。

2.3.1 数字

在Python中，数字类型包括整数类型（int）、浮点数类型（float）、布尔类型（bool）和复数类型（complex），数字类型的变量可以表示任意大的数值。

1. 整数类型

整数类型（简称整型）用来存储整数数值。在Python中，整数包括正整数、负整数和0。按照进制的不同，整数还可以划分为十进制整数、八进制整数、十六进制整数和二进制整数。

（1）十进制整数：如0、-3、8、110。

（2）八进制整数：使用8个数字0、1、2、3、4、5、6、7来表示整数，并且必须以0o开头，如0o43、-0o123。

（3）十六进制整数：由0～9、A～F组成，必须以0x/0X开头，如0x36、0XA21F。

（4）二进制整数：由数字0和1组成，必须以0b/0B开头，如0b1101、0B10。

2. 浮点数类型

浮点数类型（简称浮点型）用来存储浮点数数值。浮点数也称为“小数”，由整数部分和小数部分构成，如3.14、0.2、-1.648、5.8726849267842等。浮点数也可以用科学计数法表示，如1.3e4、-0.35e3、2.36e-3等。

3. 布尔类型

Python中的布尔类型（简称布尔型）主要用来表示“真”或“假”的值，每个对象天生具有布尔型的True值或False值。空对象、值为0的数字或者对象None的布尔值都是False。在Python 3.x中，布尔值是作为整数的子类实现的，布尔值可以转换为数值，True的值为1，False的值为0，可用于进行数值运算。

4. 复数类型

复数由实数部分（实部）和虚数部分（虚部）构成，可以用a+bj或者complex(a,b)表示，复数的实部a和虚部b都是浮点型。例如，一个复数的实部为2.38，虚部为18.2，则这个复数为2.38+18.2j。

2.3.2 字符串

字符串是Python中最常用的数据类型之一，它是连续的字符序列，一般使用单引号（' '）、双引号（" "）或三引号（''' '''或""" """）进行界定。其中，单引号和双引号中的字符序列必须在一行上，而三引号中的字符序列可以分布在连续的多行上，从而可以支持格式较为复杂的字符串。

例如，' xyz'、'123'、'厦门'、"hadoop"、'''spark'''、"""flink"""都是合法字符串，空字符串可以表示为' '、" "或''' '''。

下面的代码中使用了不同形式的字符串：

```
# university.py
```

```
university = '一流大学'                  # 使用单引号，字符序列必须在一行上
motto = "自强不息，止于至善。"           # 使用双引号，字符序列必须在一行上
# 使用三引号，字符序列可以分布在连续的多行上
target = '''建设成为世界一流的高水平、研究型大学，
为国家发展和民族振兴贡献力量！'''
print(university)
print(motto)
print(target)
```

上面这段代码的执行结果如下：

```
一流大学
自强不息，止于至善。
建设成为世界一流的高水平、研究型大学，
为国家发展和民族振兴贡献力量！
```

Python支持转义字符（简称转义符），即使用反斜杠（\）对一些特殊字符进行转义。比如，可以按照如下方式使用转义符“\n”：

```
>>> print("自强不息\n止于至善")
自强不息
止于至善
```

关于字符串的更多知识将在第4章介绍。

2.3.3 数据类型转换

在开发应用程序时，经常需要进行数据类型的转换。Python提供了一些常用的数据类型转换函数，如表2-2所示。

表 2-2 Python 常用的数据类型转换函数

函数	作用
int(x)	把x转换成整型
float(x)	把x转换成浮点型
str(x)	把x转换成字符串类型
chr(x)	将整数x转换成一个字符
ord(x)	将一个字符x转换成对应的整数数值

下面是一个关于学生成绩处理的具体实例，里面使用了数据类型转换函数：

```
>>> score_computer = 87.5
>>> score_english = 93.2
>>> score_math = 90.5
>>> score_sum = score_computer + score_english + score_math
>>> score_sum_str = str(score_sum)   # 转换为字符串
>>> print("三门课程总成绩为"+score_sum_str)
```

```
三门课程总成绩为271.2
>>> score_int = int(score_sum)          # 去除小数部分，只保留整数部分
>>> score_int_str = str(score_int)
>>> print("去除小数部分的成绩为"+score_int_str)
去除小数部分的成绩为271
```

2.4 基本输入和输出

通常，一个程序会有输入、输出，这样可以与用户进行交互。用户输入一些信息，程序会对用户输入的信息进行适当的操作，然后输出用户想要的结果。Python提供了内置函数input()和print()用于实现数据的输入和输出。

2.4.1 使用input()函数输入数据

Python提供了内置函数input()，用于接收用户的键盘输入，该函数的一般用法为：

```
x = input("提示文字")
```

例如，编写代码要求用户输入名字，具体如下：

```
>>> name = input("请输入名字：")
请输入名字：小明
```

需要注意的是，在Python 3.x中，无论输入的是数值还是字符串，input()函数返回的结果都是字符串，下面的代码很好地演示了这一点：

```
>>> x = input("请输入：")
请输入：8
>>> print(type(x))
<class 'str'>
>>> x = input("请输入：")
请输入：'8'
>>> print(type(x))
<class 'str'>
>>> x = input("请输入：")
请输入："8"
>>> print(type(x))
<class 'str'>
```

从上面代码的执行结果可以看出，无论是输入数值8，还是输入字符串'8'或"8"，input()函数都返回字符串。如果要接收数值，我们需要自己对接收到的字符串进行类型转换，例如：

```
>>> value = int(input("请输入："))
请输入：8
>>> print(type(value))
<class 'int'>
```

2.4.2 使用print()函数输出数据

1．print()函数的基本用法

Python使用内置函数print()将结果输出到IDLE或标准控制台上，其基本语法格式如下：

```
print(输出的内容)
```

其中，输出的内容可以是数值和字符串，也可以是表达式，下面是一段演示代码：

```
>>> print("计算乘积")
计算乘积
>>> x = 4
>>> print(x)
4
>>> y = 5
>>> print(y)
5
>>> print(x*y)
20
```

print()函数默认是换行的，即输出语句后自动切换到下一行。对于Python 3.x来说，要实现输出不换行的功能，可以设置end=''，下面是一段演示代码：

```
# xmu.py
print("自强不息")
print("止于至善")
print("自强不息",end='')
print("止于至善")
```

上面这段代码的执行结果如下：

```
自强不息
止于至善
自强不息止于至善
```

默认情况下，Python将结果输出到IDLE或标准控制台上。实际上，在输出时也可以重定向，例如，可以把结果输出到指定文件，示例代码如下：

```
>>> fp = open(r'C:\motto.txt','a+')
>>> print("自强不息，止于至善！",file=fp)
>>> fp.close()
```

上面这段代码执行以后，就可以看到在Windows系统的C盘根目录下生成了motto.txt文件。

2．使用%进行格式化输出

在Python中，可以使用%操作符进行格式化输出。

（1）整数的输出。对整数进行格式化输出时，可以采用如下方式。

- %o：输出八进制整数。
- %d：输出十进制整数。
- %x：输出十六进制整数。

下面是具体实例：

```
>>> print('%o' % 30)
36
>>> print('%d' % 30)
30
>>> print('%x' % 30)
1e
>>> nHex = 0xFF
>>> print("十六进制是%x,十进制是%d,八进制是%o" % (nHex,nHex,nHex))
十六进制是ff,十进制是255,八进制是377
```

（2）浮点数的输出。对浮点数进行格式化输出时，可以采用如下方式。

- %f：保留小数点后6位有效数字，如果是%.3f，则保留小数点后3位有效数字。
- %e：保留小数点后6位有效数字，按指数形式输出，如果是%.3e，则保留3位有效数字，使用科学计数法形式输出。
- %g：如果有6位或6位以上有效数字，则使用小数形式输出，否则使用科学计数法形式输出；如果是%.3g，则保留3位有效数字，使用小数形式或科学计数法形式输出。

下面是具体实例：

```
>> print('%f' % 2.22)              # 保留小数点后6位有效数字
2.220000
>>> print('%.1f' % 2.22)           # 保留小数点后1位有效数字
2.2
>>> print('%e' % 2.22)             # 保留小数点后6位有效数字，用科学计数法形式输出
2.220000e+00
>>> print('%.3e' % 2.22)           # 保留小数点后3位有效数字，用科学计数法形式输出
2.220e+00
>>> print('%g' % 2222.2222)        # 保留6位有效数字
2222.22
>>> print('%.7g' % 2222.2222) # 保留7位有效数字，用小数形式输出
2222.222
>>> print('%.2g' % 2222.2222) # 保留2位有效数字，用科学计数法形式输出
2.2e+03
```

（3）字符串的输出。对字符串进行格式化输出时，可以采用如下方式。

- %s：字符串输出。
- %10s：右对齐，占位符取10位。
- %-10s：左对齐，占位符取10位。
- %.2s：截取2位字符串。

- %10.2s：占位符取10位，截取2位字符串。

下面是具体实例：

```
>>> print('%s' % 'hello world')       # 字符串输出
hello world
>>> print('%20s' % 'hello world')     # 右对齐，占位符取20位，不够则补位
□□□□□□□□□hello world
>>> print('%-20s' % 'hello world')    # 左对齐，占位符取20位，不够则补位
hello world□□□□□□□□□
>>> print('%.2s' % 'hello world')     # 截取2位字符串
he
>>> print('%10.2s' % 'hello world')  # 右对齐，占位符取10位，截取2位字符串
□□□□□□□□he
>>> print('%-10.2s' % 'hello world') # 左对齐，占位符取10位，截取2位字符串
he□□□□□□□□
>>> name = '小明'
>>> age = 13
>>> print('姓名：%s，年龄：%d' % (name, age))
姓名：小明，年龄：13
```

在上面的代码执行结果中，“□”是我们人为标记的空格，屏幕上只会显示空白。

3．使用“f-字符串”进行格式化输出

使用“f-字符串”进行格式化输出的基本格式如下：

```
print(f'{表达式}')
```

下面是具体实例：

```
>>> name = '小明'
>>> age = 13
>>> print(f'姓名：{name}，年龄：{age}')
姓名：小明，年龄：13
```

4．使用format()函数进行格式化输出

相对于基本格式化输出采用“%”的方法，format()函数的功能更强大。该函数把字符串当成一个模板，通过传入的参数进行格式化，并且使用花括号“{}”作为特殊字符代替“%”。其用法有如下3种形式。

- 不带编号的“{}”。
- 带数字编号，可以调换显示的顺序，如“{1}”“{2}”。
- 带关键字，如“{key}”“{value}”。

下面是具体实例：

```
>>> print('{} {}'.format('hello','world'))                    # 不带编号
hello world
>>> print('{0} {1}'.format('hello','world'))                  # 带数字编号
```

```
hello world
>>> print('{0} {1} {0}'.format('hello','world'))          # 打乱顺序
hello world hello
>>> print('{1} {1} {0}'.format('hello','world'))          # 打乱顺序
world world hello
>>> print('{a} {b} {a}'.format(b='hello',a='world'))      # 带关键字
world hello world
```

2.5 运算符和表达式

与其他语言一样，Python支持大多数运算符，包括算术运算符、赋值运算符、比较运算符、逻辑运算符和位运算符。对于初学者而言，位运算符较少用到，因此这里不做介绍。

表达式是将一系列的运算对象用运算符连接在一起构成的一个式子，该式子经过运算以后有一个确定的值。比如，使用算术运算符连接起来的式子称为“算术表达式”，使用逻辑运算符连接起来的式子称为“逻辑表达式”。

2.5.1 算术运算符和表达式

算术运算符主要用于数字的处理。Python中常用的算术运算符与表达式如表2-3所示。

表 2-3 Python 中常用的算术运算符与表达式

算术运算符	说明	表达式
+	加（两个对象相加）	4+5（结果是9）
–	减（得到负数，或是一个数减去另一个数）	7–10（结果是–3）
*	乘（两个数相乘，或是返回一个被重复若干次的字符串）	4*5（结果是20）
/	除（x除以y）	10/4（结果是2.5）
%	取模（返回除法的余数）	10%4（结果是2）
**	幂（返回x的y次幂）	10**2（结果是100）
//	取整除（返回商的整数部分）	10//4（结果是2）

2.5.2 赋值运算符和表达式

赋值运算符主要用来为变量等赋值。赋值运算符的功能是将右侧表达式的值赋给左侧的变量，因此，赋值运算符（=）并不是数学中的等于号。Python中常用的赋值运算符与表达式如表2-4所示。

表 2-4 Python 中常用的赋值运算符与表达式

赋值运算符	说明	表达式	等价形式
=	简单的赋值运算	a=b	a=b
+=	加赋值	a+=b	a=a+b

续表

赋值运算符	说明	表达式	等价形式
-=	减赋值	a-=b	a=a-b
*=	乘赋值	a*=b	a=a*b
/=	除赋值	a/=b	a=a/b
%=	取模赋值	a%=b	a=a%b
**=	幂赋值	a**=b	a=a**b
//=	取整除赋值	a//=b	a=a//b

需要注意的是，赋值运算符左侧只能是变量名，因为只有变量才拥有存储空间，可以把数值放进去。例如，表达式"a+b=c"或者"a=b+c=10"都是非法的。

2.5.3 比较运算符和表达式

比较运算符也称为"关系运算符"，主要用于比较大小，运算结果为布尔型。当关系表达式成立时，运算结果为True，当关系表达式不成立时，运算结果为False。Python中常用的比较运算符与表达式如表2-5所示。

表 2-5　Python 中常用的比较运算符与表达式

比较运算符	说明	表达式
>	大于	4>5（结果为False）
<	小于	4<5（结果为True）
==	等于	4==5（结果为False）
!=	不等于	4!=5（结果为True）
>=	大于等于	5>=4（结果为True）
<=	小于等于	4<=5（结果为True）

2.5.4 逻辑运算符和表达式

逻辑运算符用于对布尔型数据进行运算，运算结果仍为布尔型。Python中常用的逻辑运算符与表达式如表2-6所示。

表 2-6　Python 中常用的逻辑运算符与表达式

逻辑运算符	说明	表达式
and	逻辑与	exp1 and exp2
or	逻辑或	exp1 or exp2
not	逻辑非	not exp

在表2-6中，exp、exp1和exp2都是表达式。使用逻辑运算符进行逻辑运算时，其运算结果如表2-7所示。

表 2-7 使用逻辑运算符进行逻辑运算时的运算结果

表达式1	表达式2	表达式1 and 表达式2	表达式1 or 表达式2	not 表达式1
True	True	True	True	False
True	False	False	True	False
False	False	False	False	True
False	True	False	True	True

2.5.5 运算符的优先级与结合性

优先级就是当多个运算符同时出现在一个表达式中时，先执行哪个运算符对应的运算。例如，对于表达式“3+4*5”，Python会先计算乘法，再计算加法，得到的结果为23，因为*的优先级要高于+的优先级。

结合性就是当一个表达式中出现多个优先级相同的运算符时，先执行哪个运算符对应的运算：先执行左边的叫“左结合性”，先执行右边的叫“右结合性”。例如，对于表达式“100/5 *4”，/和*的优先级相同，应该先执行哪边呢？这个时候就不能只依赖运算符优先级了，还要参考运算符的结合性。/和*都具有左结合性，因此先执行左边的除法，再执行右边的乘法，最终结果是80。

Python中的大部分运算符都具有左结合性，也就是从左向右执行；只有幂运算符（**）、单目运算符（如not）、赋值运算符和三目运算符例外，它们具有右结合性，也就是从右向左执行。表2-8列出了常用的Python运算符的结合性和优先级。

表 2-8 常用的 Python 运算符的结合性和优先级

运算符	说明	结合性	优先级
()	圆括号	无	高
**	幂	右	
+（正号）、-（负号）	符号运算符	右	
*、/、//、%	乘、除、取整数、取模	左	
+、-	加、减	左	
==、!=、>、>=、<、<=	比较运算符	左	
not	逻辑非	右	
and	逻辑与	左	
or	逻辑或	左	低

2.6 本章小结

本章首先介绍了关键字和标识符的概念，然后介绍了变量的概念，需要指出的是，虽然在Python 3.x中可以使用中文字符作为变量名，但是在实际编程中不建议使用中文字符作为变量名；接下来介绍了基本数据类型，即数字和字符串，其中，数字类型又包含整数类型、浮点数类型、布尔型和复数类型；然后介绍了如何使用input()函数进行数据输入，以及如何使用print()函数实现数据输出；最后介绍了4种运算符和表达式，包括算术运算符和表达式、赋值运算符和表达式、比较运算符和表达式、逻辑运算符和表达式，并总结了运算符的优先级与结合性。

2.7 习题

（1）请列举Python语言中的10个关键字。

（2）请阐述Python标识符的具体命名规则。

（3）请给出合法标识符和非法标识符的几个实例。

（4）请阐述变量的命名规则。

（5）请阐述Python 3.x中有哪6个标准的数据类型，并说明其中哪些是基本数据类型，哪些是组合数据类型。

（6）请给出十进制整数、八进制整数、十六进制整数和二进制整数的具体实例。

（7）请给出几个常用的转义字符并说明其含义。

（8）请给出几个常用的数据类型转换函数并说明其作用。

（9）请举例说明input()和print()函数的用法。

（10）请说明运算符的优先级与结合性。

第3章 程序控制结构

结构化程序设计的概念最早由E.W.迪杰斯特拉（E. W. Dijkstra）在1965年提出。该概念的提出是软件发展的一个重要里程碑，它采用了“自顶向下、逐步求精”的设计思想及模块化的程序设计方法。在结构化程序设计中，主要使用3种基本控制结构来构造程序，即顺序结构、选择结构和循环结构。使用结构化程序设计方法编写出来的程序在结构上具有以下3个特点：以控制结构为单位，每个模块只有一个入口和一个出口；阅读者能够以控制结构为单位，从上到下顺序阅读程序文本；由于程序的静态描述与执行时的控制流程容易对应，所以阅读者能够方便、正确地理解程序的动作。

本章首先介绍程序控制结构的3种类型，然后分别介绍选择语句、循环语句和跳转语句，最后给出一些综合实例。

3.1 程序控制结构概述

Python程序具有3种典型的控制结构，如图3-1所示。

（1）顺序结构。顺序结构指程序在执行时，语句按照顺序从上到下、一条一条地执行，是结构化程序中最简单的结构。

（2）选择结构。选择结构又称为“分支结构”，分支语句根据一定的条件决定执行哪一个语句块。

（3）循环结构。循环结构可以使同一个语句块根据一定的条件执行若干次。采用循环结构可以实现有规律的重复计算处理。

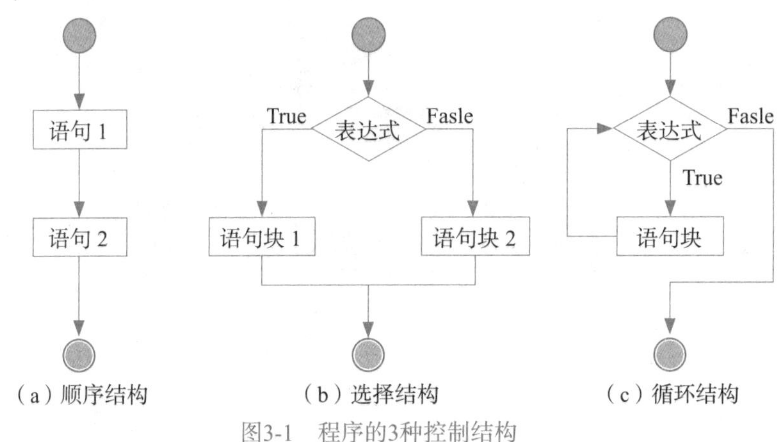

图3-1　程序的3种控制结构

3.2 选择语句

选择语句也称为“条件语句”，就是对语句中不同条件的值进行判断，从而根据不同的条件执行不同的语句块。

选择语句可以分为以下3种形式。

（1）if语句。

（2）if…else语句。

（3）if…elif…else多分支语句。

3.2.1 if语句

if语句用于针对某种情况进行相应的处理，通常表现为“如果满足某种条件，就进行某种处理”，它的一般形式为：

```
if 表达式:
    语句块
```

其中，表达式可以是一个单一的值或者变量，也可以是由运算符组成的复杂语句。如果表达式的值为True，则执行语句块（或称为“循环体”）；如果表达式的值为False，则跳过语句块，继续执行后面的语句。具体流程如图3-2所示。

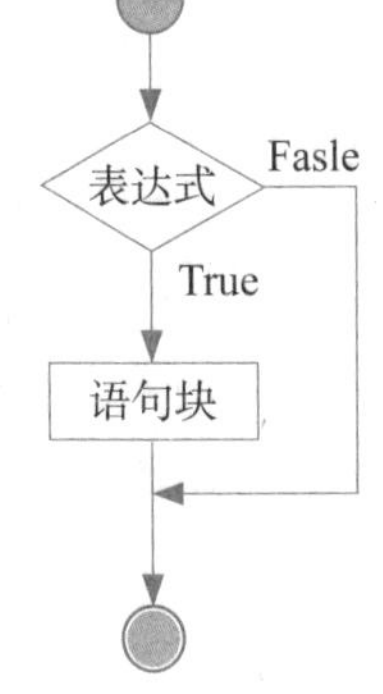

图3-2 if语句流程

例3-1 使用if语句求出两个数的较小值。

```
# two_number.py
a,b,c = 4,5,0
if a>b:
    c = b
if a<b:
    c = a
print("两个数的较小值是：",c)
```

3.2.2 if…else语句

if…else语句也是选择语句的一种通用形式，通常表现为“如果满足某种条件，就进行某种处理，否则进行另一种处理”，它的一般形式为：

```
if 表达式:
    语句块1
else:
    语句块2
```

其中，表达式可以是一个单一的值或者变量，也可以是由运算符组成的复杂语句。如果表达式的值为True，则执行语句块1；如果表达式的值为False，则执行语句块2。具体流程如图3-3所示。需要注意的是，else不能单独使用，必须和if一起使用。

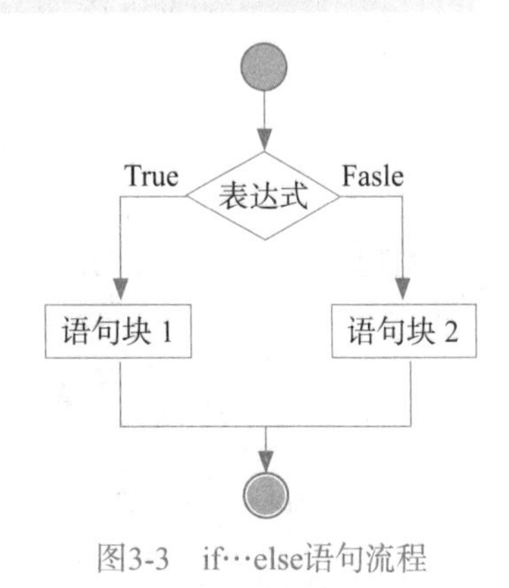

图3-3 if…else语句流程

例3-2 判断一个数是奇数还是偶数。

```
# odd_even.py
a = 5
if a % 2 == 0:
    print("这是一个偶数。")
else:
    print("这是一个奇数。")
```

3.2.3 if…elif…else多分支语句

if…elif…else多分支语句用于针对某一事件的多种情况进行处理，通常表现为“如果满足某种条件，就进行某种处理，否则，如果满足另一种条件，则进行另一种处理”，它的一般形式为：

```
if 表达式1:
        语句块1
elif 表达式2:
        语句块2
elif 表达式3:
        语句块3
…
else:
        语句块n
```

其中，表达式可以是一个单一的值或者变量，也可以是由运算符组成的复杂语句。如果表达式1的值为Ture，则执行语句块1；如果表达式1的值为False，则进入elif的判断。以此类推，只有在所有表达式的值都为False的情况下，才会执行else中的语句块。具体流程如图3-4所示。需要注意的是，elif和else都不能单独使用，必须和if一起使用。

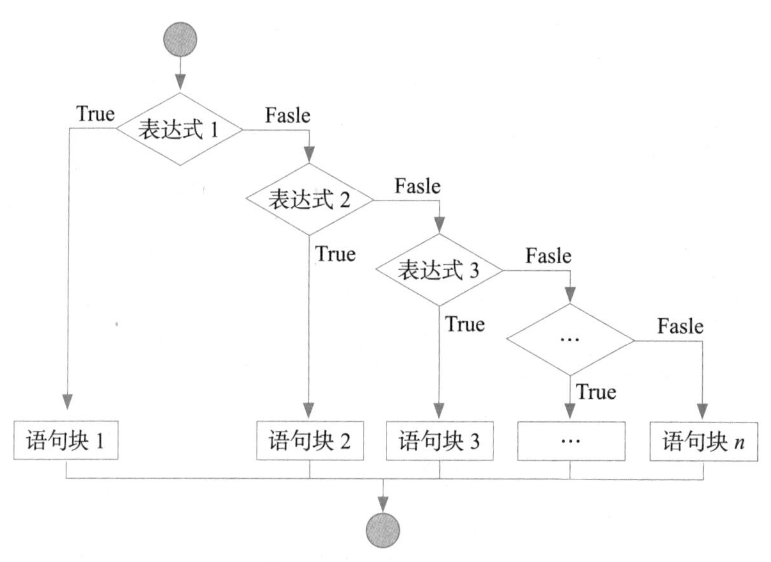

图3-4　if…elif…else语句流程

例3-3 判断每天的课程。

```
# lesson.py
day = int(input("请输入第几天课程: "))
if day == 1:
        print("第1天上数学课")
elif day == 2:
        print("第2天上语文课")
else:
        print("其他时间上计算机课")
```

3.2.4 选择语句的嵌套

前面介绍了3种形式的选择语句，即if语句、if…else语句和if…elif…else语句，这3种选择语句可以相互嵌套。

比如，在if语句中嵌套if…else语句，形式如下：

```
if 表达式1:
    if 表达式2:
        语句块1
    else:
        语句块2
```

再比如，在if…else语句中嵌套if…else语句，形式如下：

```
if 表达式1:
    if 表达式2:
        语句块1
    else:
        语句块2
else:
    if 表达式3:
        语句块3
    else:
        语句块4
```

在开发程序时，需要根据具体的应用场景选择合适的嵌套方案。需要注意的是，在使用嵌套语句时，一定要严格遵守不同级别语句块的缩进规范。

例3-4 判断驾驶员是否为酒后驾车。假设规定驾驶员每100ml血液中酒精的含量小于20mg不构成酒驾，每100ml血液中酒精的含量大于或等于20mg构成酒驾，每100ml血液中酒精的含量大于或等于80mg构成醉驾。

```
# drunk-driving.py
alcohol = int(input("请输入驾驶员每100ml血液中酒精的含量："))
if alcohol < 20:
        print("驾驶员不构成酒驾")
else:
        if alcohol < 80:
                print("驾驶员已构成酒驾")
        else:
                print("驾驶员已构成醉驾")
```

例3-5 判断数学成绩属于哪个等级。数学成绩大于等于90分为优，数学成绩大于等于75分并且小于90分为良，数学成绩大于等于60分并且小于75分为及格，数学成绩小于60分为不及格。

```
# math_score.py
math = int(input("请输入数学成绩："))
if math >= 75:
        if math >= 90:
                print("数学成绩为优")
        else:
```

```
        print("数学成绩为良")
else:
    if math >=60:
        print("数学成绩为及格")
    else:
        print("数学成绩为不及格")
```

例3-6 判断某一年是否是闰年。判断的条件：第一，能被4整除，但不能被100整除的年份是闰年，如1996年、2004年是闰年；第二，既能被100整除，又能被400整除的年份是闰年，如2000年是闰年。不符合这两个条件的年份不是闰年。

```
# year.py
year=int(input("请输入年份："))
if year % 4 == 0:
    if year % 100 == 0:
        if year % 400 == 0:
            flag = 1
        else:
            flag = 0
    else:
        flag = 1
else:
    flag = 0
if flag == 1:
    print(year,"年是闰年")
else:
    print(year,"年不是闰年")
```

3.3 循环语句

循环语句用于重复执行某个语句块，直到满足特定条件为止。在Python语言中，循环语句有以下两种形式。

（1）while循环语句。

（2）for循环语句。

3.3.1 while循环语句

while循环语句是用一个表达式来控制循环的语句，它的一般形式为：

```
while 表达式:
    语句块
```

当表达式的返回值为True时，执行语句块，然后重新判断表达式的返回值，直到表达式的返回值为False时，退出循环，具体流程如图3-5所示。

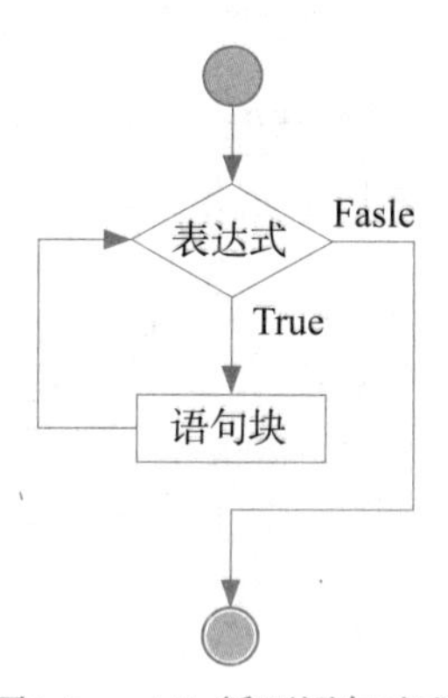

图3-5 while循环语句流程

例3-7 用while循环语句计算1～99的整数和。

```
# int_sum.py
n = 1
sum = 0
while(n <= 99):
        sum += n
        n += 1
print("1~99的整数和是：",sum)
```

例3-8 设计一个小游戏，让玩家输入一个数字，由程序判断该数字是奇数还是偶数。

```
# digit.py
prompt = '输入一个数字，我将告诉你，它是奇数还是偶数'
prompt += '\n输入"结束游戏"，将退出本程序：'
exit = '结束游戏'                    # 退出指令
content = ''                         #输入内容
while content != exit:
      content = input(prompt)
      if content.isdigit():    # isdigit()函数用于检测字符串是否只由数字组成
             number = int(content)
             if (number % 2 == 0):
                    print('该数是偶数')
             else:
                    print('该数是奇数')
      elif content != exit:
             print('输入的必须是数字')
```

在编写while循环语句时，一定要保证程序正常结束，否则会造成“死循环”（或“无限循环”）。例如，在下面的代码中，i的值永远小于100，程序运行后将不停地输出0。

```
i=0
while i<100:
      print(i)
```

3.3.2 for循环语句

for循环语句是最常用的循环语句，一般用在循环次数已知的情况下，它的一般形式为：

```
for 迭代变量 in 对象:
      语句块
```

其中，迭代变量用于保存读取出的值；对象为要遍历或迭代的对象，该对象可以是任何有序的序列对象，如字符串、列表和元组等；被执行的语句块也称为“循环体”。具体流程如图3-6所示。

例3-9 用for循环语句计算1～99的整数和。

```
# int_sum_for.py
```

```
sum=0
for n in range(1,100):   # range(1,100)用于生成1~100(不包括100)的整数
        sum+=n
print("1~99的整数和是: ",sum)
```

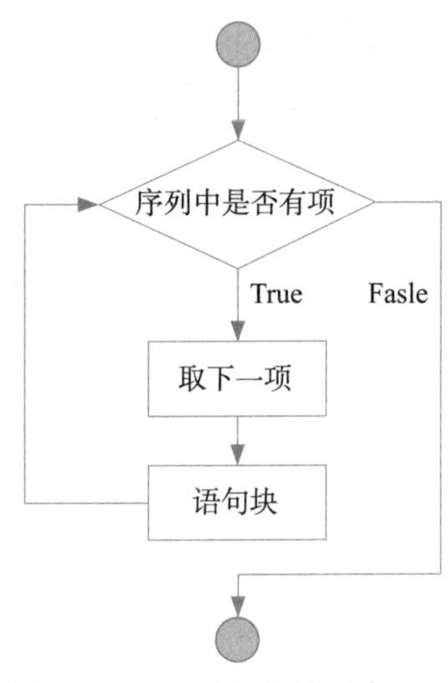

图3-6　for循环语句流程

例3-9中用到了range()函数，该函数的具体用法如下。

（1）range(stop)：生成从0开始到stop结束（不包含stop）的一系列数值。比如，range(3)生成的数值是0、1、2。

（2）range(start,stop)：生成从start开始到stop结束（不包含stop）的一系列数值。比如，range(2,5)生成的数值是2、3、4。

（3）range(start,stop,step)：生成从start开始到stop结束（不包含stop）、步长为step的一系列数值。比如，range(2,10,2)生成的数值是2、4、6、8，range(10,1,-2)生成的数值是10、8、6、4、2。

例3-10 输出所有的"水仙花数"。"水仙花数"是指一个3位数，其各位数字的立方和等于该数本身。例如，153是一个水仙花数，因为$153=1^3+5^3+3^3$。

```
# narcissus.py
for i in range(100,1000):
        a = i % 10              # 个位数
        b = i // 10 % 10        # 十位数
        c = i // 100            # 百位数
        if(i == a ** 3 + b ** 3 + c ** 3):
                print(i)
```

例3-11 判断一个数是不是素数（素数只能被1和该数本身整除）。判断一个数m是不是素数的算法：让m被2～$\sqrt{m}$除，如果m能被2～$\sqrt{m}$的任何一个整数整除，则可以判断m不是素数；如果m不能被2～$\sqrt{m}$的任何一个整数整除，则可以判断m是素数。

```
# prime.py
# 由于程序中要用到求平方根的函数sqrt()，因此需要导入math模块
import math
m = int(input("请输入一个数m: "))
n = int(math.sqrt(m))            # math.sqrt(m)返回m的平方根
prime = 1
for i in range(2,n+1):
        if m % i == 0:
                prime = 0
if(prime == 1):
        print(m,"是素数")
else:
        print(m,"不是素数")
```

3.3.3 循环嵌套

循环嵌套就是在一个循环体中包含另一个完整的循环结构，而在这个完整的循环结构中还可以嵌套其他的循环结构。循环嵌套很复杂，在while循环语句、for循环语句中都可以嵌套，并且它们之间也可以相互嵌套。

在while循环中嵌套while循环的格式如下：

```
while 表达式1:
    while 表达式2:
        语句块2
    语句块1
```

在for循环中嵌套for循环的格式如下：

```
for 迭代变量1 in 对象1:
    for 迭代变量2 in 对象2:
        语句块2
    语句块1
```

在while循环中嵌套for循环的格式如下：

```
while 表达式:
    for 迭代变量 in 对象:
        语句块2
    语句块1
```

在for循环中嵌套while循环的格式如下：

```
for 迭代变量 in 对象:
    while 表达式:
        语句块2
    语句块1
```

例3-12 分别输入两个学生3门课程的成绩，并分别计算其平均成绩。

使用while循环嵌套实现，具体代码如下：

```
# avg_score_while.py
j = 1                       # 定义外部循环计数器初始值
while j <= 2:               # 定义外部循环为执行两次
  sum = 0                   # 定义成绩初始值
  i = 1                     # 定义内部循环计数器初始值
  name = input('请输入学生姓名:') # 接收用户输入的学生姓名，赋值给name变量
  while i <= 3:                    # 定义内部函数循环3次，也就是接收3门课程的成绩
        print('请输入第%d门课程的考试成绩：'%i)        # 提示用户输入成绩
        sum = sum + int(input())     # 接收用户输入的成绩，赋值给sum变量
        i += 1              # i变量自增1，i变为2，继续执行循环，直到i等于4时，跳出循环
  avg = sum / (i-1)         # 计算学生的平均成绩，赋值给avg变量
```

```
    print(name,'的平均成绩是%d\n'%avg)    # 输出学生的平均成绩
    j = j + 1 # 内部循环执行完毕后，外部循环计数器初始值j自增1，变为2，再进行外部循环
print('学生成绩输入完成！')
```

例3-13 使用for循环嵌套完成例3-10。

```
# narcissus_for.py
for a in range(10):                          # 个位数的范围是0~9
       for b in range(10):                   # 十位数的范围是0~9
              for c in range(1,10):          # 百位数的范围是1~9
                     if(a + 10 * b + 100 * c == a ** 3 + b ** 3 + c ** 3):
                            print(a + 10 * b + 100 * c)
```

例3-14 输出九九乘法表。

```
# multiplication_table.py
for i in range(1, 10):
       for j in range(1, i+1):
              print('{}×{}={}\t'.format(j, i, i*j), end='')
       print()
```

该程序的执行结果如图3-7所示。

```
1×1=1
1×2=2   2×2=4
1×3=3   2×3=6   3×3=9
1×4=4   2×4=8   3×4=12  4×4=15
1×5=5   2×5=10  3×5=15  4×5=20  5×5=25
1×6=6   2×6=12  3×6=18  4×6=24  5×6=30  6×6=36
1×7=7   2×7=14  3×7=21  4×7=28  5×7=35  6×7=42  7×7=49
1×8=8   2×8=16  3×8=24  4×8=32  5×8=40  6×8=48  7×8=56  8×8=64
1×9=9   2×9=18  3×9=27  4×9=36  5×9=45  6×9=54  7×9=63  8×9=72  9×9=81
```

图3-7 九九乘法表输出效果

例3-15 输入一个行数（必须是奇数），输出如下图形。

```
   *
  ***
 *****
*******
 *****
  ***
   *
```

```
# triangle.py
rows = int(input('输入行数（奇数）：'))
if rows%2!=0:
     for i in range(0, rows//2+1):             # 控制输出行数
          for j in range(rows-i,0,-1):     # 控制空格个数
```

```
            print(" ",end='')           # 输出空格，不换行
        for k in range(0, 2 * i + 1):   # 控制星号个数
            print("*",end='')           # 输出星号，不换行
        print("")                       # 换行
    for i in range(rows//2,0,-1):       # 控制输出行数
        for j in range(rows-i+1,0,-1):  # 控制空格个数
            print(" ",end='')           # 输出空格，不换行
        for k in range(2*i-1,0,-1):     # 控制星号个数
            print("*",end='')           # 输出星号，不换行
        print("")  # 换行
```

3.4 跳转语句

Python语言支持多种跳转语句，如break跳转语句、continue跳转语句和pass语句。

3.4.1 break跳转语句

break跳转语句可以用在for循环、while循环中，用于强行终止循环。只要程序执行到break跳转语句，就会终止循环体的执行，即使没有达到False条件或者序列还没被递归完，也会终止执行循环语句。如果使用嵌套循环，程序执行到break跳转语句时将跳出当前的循环体。在某些场景中，如果需要在某种条件出现时强行终止循环，而不是等到循环条件为 False 时才退出循环，就可以使用 break跳转语句来完成这个功能。

在while循环语句中使用break跳转语句的形式如下：

```
while 表达式1:
    语句块
    if 表达式2:
        break
```

在for循环语句中使用break跳转语句的形式如下：

```
for 迭代变量 in 对象:
    if 表达式:
        break
```

例3-16 使用break跳转语句跳出for循环。

```
# break.py
for i in range(0, 10) :
    print("i的值是: ", i)
    if i == 2 :
        # 执行该语句时将跳出循环
        break
```

上面代码的执行结果如下：

```
i的值是:  0
i的值是:  1
i的值是:  2
```

从执行结果可以看出，当程序执行到i的值是2时，就跳出了循环。

例3-17 使用break跳转语句跳出while循环。

```
# break1.py
x = 1
while True:
    x += 1
    print(x)
    if x >= 4:
        break
```

上面代码的执行结果如下：

```
2
3
4
```

从执行结果可以看出，当执行到x的值为4时，程序就跳出了循环。

例3-18 使用break跳转语句跳出嵌套循环的内层循环。

```
# break2.py
for i in range(0,3) :
    print("此时i的值为:",i)
    for j in range(5):
        print("此时j的值为:",j)
        if j==1:
            break
    print("跳出内层循环")
```

上面代码的执行结果如下：

```
此时i的值为: 0
此时j的值为: 0
此时j的值为: 1
跳出内层循环
此时i的值为: 1
此时j的值为: 0
此时j的值为: 1
跳出内层循环
此时i的值为: 2
此时j的值为: 0
此时j的值为: 1
跳出内层循环
```

从执行结果可以看出，在内层循环中，每当执行到j的值为1时，程序就会跳出内层循环，转而执行外层循环的代码。

如果想实现break跳转语句不仅跳出当前所在循环，而且跳出外层循环的目的，可先定义一个布尔型的变量来标志是否需要跳出外层循环，然后在内层循环、外层循环中分别使用两条break跳转语句来实现。

例3-19 使用break跳转语句跳出嵌套循环的内层循环和外层循环。

```
# break3.py
exit_flag = False
# 外层循环
for i in range(0, 5) :
    # 内层循环
    for j in range(0, 3) :
        print("i的值为%d, j的值为%d" % (i, j))
        if j == 1 :
            exit_flag = True
            # 跳出内层循环
            break
    # 如果exit_flag为True，则跳出外层循环
    if exit_flag :
        break
```

上面代码的执行结果如下：

```
i的值为 0, j的值为 0
i的值为 0, j的值为 1
```

从执行结果可以看出，当执行到i的值为0并且j的值为1时，程序不仅跳出了内层循环，也跳出了外层循环，程序执行结束。

3.4.2 continue跳转语句

continue跳转语句和break跳转语句不同，break跳转语句用于跳出整个循环，而continue跳转语句用于跳出本次循环。也就是说，程序执行到continue跳转语句后，会跳过当前循环的剩余语句，继续进行下一轮循环。

在while循环中使用continue跳转语句的形式如下：

```
while 表达式1:
    语句块
    if 表达式2:
        continue
```

在for循环中使用continue跳转语句的形式如下：

```
for 迭代变量 in 对象:
    if 表达式:
        continue
```

例3-20 使用continue跳转语句跳出for循环的某次循环。

```
# continue.py
for i in range(5):
        if i == 3:
                continue
        print("i的值是",i)
```

上面代码的执行结果如下：

```
i的值是 0
i的值是 1
i的值是 2
i的值是 4
```

从执行结果可以看出，当执行到i的值等于3时，程序跳出了该次循环，没有执行输出语句，继续执行下一次循环。

例3-21 使用continue跳转语句跳出while循环的某次循环。

```
# continue1.py
i = 0
while i < 5:
  i += 1
  if i == 3:
      continue
  print("i的值是",i)
```

上面代码的执行结果如下：

```
i的值是 1
i的值是 2
i的值是 4
i的值是 5
```

从执行结果可以看出，当执行到i的值等于3时，程序跳出了该次循环，没有执行输出语句，继续执行下一次循环。

例3-22 计算0～100所有奇数的和。

```
# continue2.py
sum = 0
x = 0
while True:
   x = x + 1
   if x > 100:
      break
   if x % 2 == 0:
      continue
```

```
    sum += x
print(sum)
```

3.4.3 pass语句

Python中还有一个pass语句，表示空语句，它不做任何事情，一般起到占位作用。

例3-23 使用for循环输出1～10的偶数，在遇到不是偶数的数时，使用pass语句占位，方便以后对不是偶数的数进行处理。

```
# pass.py
for i in range(1,10) :
    if i % 2==0 :
        print(i,end=' ')
    else :
        pass
```

3.5 综合实例

例3-24 使用蒙特卡罗方法计算圆周率π。

蒙特卡罗方法是一种计算方法，其原理是通过大量随机样本去了解一个系统，进而得到所要计算的值。它非常强大、灵活，又简单易懂，很容易实现。对于许多问题来说，它往往是最简单的计算方法，有时甚至是唯一可行的方法。

这里介绍一下使用蒙特卡罗方法计算圆周率π的基本原理。如图3-8所示，假设有一个正方形的边长是$2r$，其内部有一个与之相切的圆，圆的半径为r，则圆与正方形的面积之比是π/4，即用圆的面积（πr^2）除以正方形的面积（$4r^2$）。

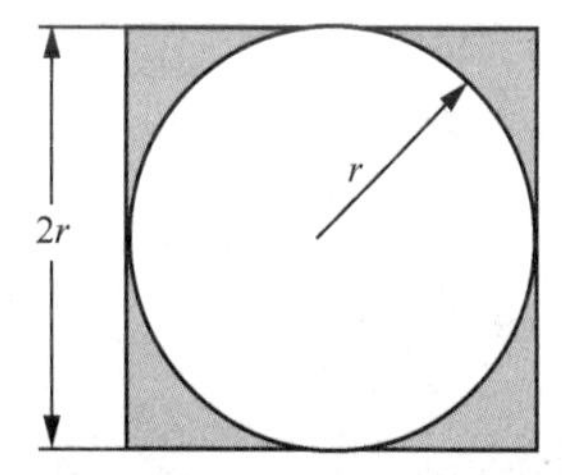

图3-8 一个正方形和一个圆形

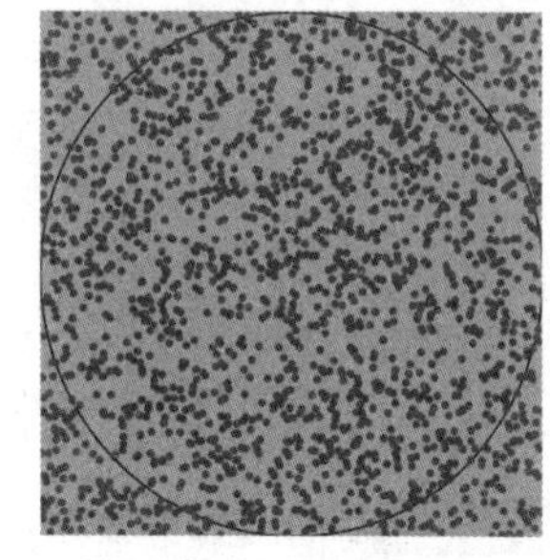
图3-9 使用蒙特卡罗方法计算圆周率π的基本原理

现在，如图3-9所示，在这个正方形内部，随机生成10000个点（即10000个坐标对(x, y)），计算它们与中心点的距离，从而判断它们是否落在圆的内部。如果这些点均匀分布，那么圆内的点应该占到所有点的π/4，因此，将这个比值乘4就是π的值。

程序代码如下：

```
# pi.py
from random import random
n=10000
N=0
for i in range(1,n):
    x,y=random(),random()    # random()函数用于生成一个0～1的随机数
    dis=pow(x**2+y**2,0.5)   # pow(a,b)函数返回a的b次幂
    if dis<=1:
```

```
            N=N+1
pi=4*N/n
print("圆周率为{}".format(pi))
```

在上面的代码中，随机产生的点的个数n的值越大，计算得到的圆周率的值越精确。

例3-25 实现一个斐波那契数列（Fibonacci Sequence）。

斐波那契数列又称“黄金分割数列”，因数学家莱昂纳多·斐波那契（Leonardo Fibonacci）以兔子繁殖为例子而引入，故又称“兔子数列”。斐波那契数列指的是这样一个数列：0,1,1,2,3,5,8,13,21,34,…。在数学上，斐波那契数列以如下递归的方法定义。

$F(0)=0$ （$n=0$）

$F(1)=1$ （$n=1$）

$F(n)=F(n-1)+F(n-2)$（$n\geqslant 2, n\in \mathbf{N}$）

实现一个斐波那契数列的程序代码如下：

```
# fibonacci.py
i, j = 0, 1
while i < 10000:
    print(i)
    i, j = j, i+j
```

例3-26 求出100～200的所有素数。

```
# prime_all.py
import math
i = 0
for n in range(100,201):
    prime = 1
    k = int(math.sqrt(n))    # sqrt(n)方法返回数字n的平方根
    for i in range(2,k+1):
        if n % i == 0:
            prime = 0
    if prime ==1:
        print("%d是素数" % n)
```

例3-27 输出如下效果的实心三角形。

```
*
**
***
****
*****
******
*******
********
*********
**********
```

```
# triangle1.py
num = int(input("请输入打印行数: "))
for i in range(num):
    tab = False                                 # 控制是否换行
    for j in range(i+1):
        print('*',end='')                       # 输出星号，不换行
        if j == i:
            tab = True                          # 控制是否换行
    if tab:
        print('\n' ,end = '')                   # 换行
```

例3-28 输出如下效果的空心三角形。

```
*
**
* *
*  *
*   *
*    *
*     *
*      *
*       *
**********
```

```
# triangle2.py
num = int(input("请输入打印行数: "))
for i in range(num):
    tab = False                                 #控制是否换行
    for j in range(i + 1):
        # 判断是否最后一行
        if i != num-1:
            # 循环完成，修改换行标识符
            if j == i :
                tab = True
            # 判断输出空格还是星号
            if (i == j or j == 0):
                print('*',end='')               # 输出星号，不换行
            else :
                print(' ',end='')               # 输出空格，不换行
        # 最后一行，全部输出星号
        else :
            print('*', end='')                  # 输出星号，不换行
    if tab:
        print('\n', end='')                     # 换行
```

例3-29 将一张面值为100元的人民币换成等值的10元、5元和1元的零钞，有哪些组合？

```
# money.py
for i in range(100 // 1 + 1):
        for j in range((100 - i * 1) // 5 + 1):
                for k in range ((100 - i * 1 - j * 5) // 10 + 1):
                        if i * 1 + j * 5 + k * 10 == 100:
                                print("1元%d张, 5元%d张, 10元%d张" % (i,j,k))
```

例3-30 求100以内能被3和7同时整除的数。

```
# devide.py
for i in range(1,101):
        if i % 3 == 0 and i % 7 == 0:
                print(i)
```

3.6 本章小结

结构化程序设计采用了“自顶向下、逐步求精”的设计思想，从问题的总体目标开始，抽象底层的细节，先专心构造高层的结构，再一层一层地进行分解和细化。这使设计者能把握主题，高屋建瓴，避免一开始就陷入复杂的细节，使复杂的程序设计过程变得简单明了。本章介绍了结构化程序设计中的3种典型控制结构，即顺序结构、选择结构和循环结构，并详细介绍了如何使用if语句、for循环语句、while循环语句、break跳转语句、continue跳转语句等来编写不同类型的程序，同时给出了丰富的编程实例。

3.7 习题

（1）简单分支结构是最基础的程序控制结构，在设计中一般用不到。(　　)

A．正确　　　　B．错误

（2）Python语法认为条件x<=y<=z是合法的。(　　)

A．正确　　　　B．错误

（3）请分析下面的程序，若输入score为74，则输出grade为（　　）。

```
x=int(input("input score:"))
if x>=60:
        grade='D'
elif x>=70:
        grade='C'
elif x>=80:
        grade='B'
else:
        grade='A'
print(grade)
```

A. A　　B. B　　C. C　　D. D

（4）有如下程序段：

```
a,b,c=70,50,30
if(a>b):
        a=b
        b=c
        c=a
print(a,b,c)
```

程序的输出结果为（　）。

A. 70 50 70　　B. 50 30 70　　C. 70 30 70　　D. 50 30 50

（5）以下可以终止一个循环的关键字是（　）。

A. if　　B.break　　C. exit　　D. continue

（6）死循环对程序没有任何益处（　）。

A. 正确　　B. 错误

（7）设有程序段：

```
k=10
while k==0:
        k=k-1
```

下列说法正确的是（　）。

A. while循环执行10次　　B. 无限循环

C. 循环不执行　　D. 循环执行一次

（8）下列程序可以正常结束的是（　）。

A.

```
i=5
  while(i>0):
        i+=1
```

B.

```
i=-5
  while(i<0):
        i-=1
```

C.

```
i=5
  while(i<=5):
        i-=1
```

D.

```
i=5
  while(i>0):
        i-=1
```

（9）下列程序的输出结果为（　）。

```
s,t,u=0,0,0
for i in range(1,4):
        for j in range(1,i+1):
                for k in range(j,4):
                        s+=1
                t+=1
        u+=1
print(s,t,u)
```

A．3 6 1 4　　B．1 4 6 3　　C．1 4 3 6　　D．1 6 4 3

（10）执行下列程序后k的值为（　）。

```
k=1
n=263
while n:
    k*=n%10
    n//=10
```

A．11　　B．263　　C．36　　D．0

实验1 程序控制结构的应用编程实践

一、实验目的

（1）掌握顺序结构、循环结构的程序设计方法。

（2）掌握break和continue语句的用法。

二、实验平台

（1）操作系统：Windows 7及以上。

（2）Python版本：3.12.2版本。

三、实验内容

（1）编写程序，判断分数x的等级：如果x大于等于90分，则记为“A”；如果x大于等于80分且小于90分，则记为“B”；如果x大于等于70分且小于80分，则记为“C”；如果x小于70分，则记为“D”。

（2）输入任意一个正整数，求出它是几位数。

（3）求整数1～100的累加值，但要求跳过所有个位为5的数。

（4）本金10000元存入银行，年利率是0.2%。每过一年，将本金和利息相加作为新的本金。计算5年后，获得的本金是多少。

（5）输入一个数值，输出从1到这个数的所有奇数，并且每隔10个数换一行。

（6）有一个分数序列：2/1,3/2,5/3,8/5,13/8,21/13,…，求出这个序列的第20个分数。

（7）编写程序求n的阶乘。n的阶乘等于$1\times2\times\cdots\times n$，比如，5的阶乘等于$1\times2\times3\times4\times5$，结果为120。

（8）编写程序实现用户登录管理系统。系统可以提示用户输入用户名和密码，判断用户名和密码是否正确（要求用户名是admin，密码是123456），如果正确，则登录成功，如果错误，再提示用户重新输入（最多可以尝试3次）。

（9）求两个数的最大公约数和最小公倍数。

（10）求1～10000的所有完美数。“完美数”是指，这个数的所有真因子（即除了自身的所有因子）的和恰好等于它本身。例如，6（$6=1+2+3$）和28（$28=1+2+4+7+14$）就是完美数。

（11）编写程序找出15个由1、2、3、4这4个数字组成的各位数字不相同的3位数（如123、341，反例如442、333），要求用break控制找出3位数的个数。

（12）求100以内的素数之和。

（13）一张纸的厚度大约是0.08mm，编写程序求将一张纸对折多少次之后其厚度能达到珠穆朗玛峰的高度（8848.86m）。

（14）“百马百担”问题：一匹大马能驮3担货，一匹中马能驮2担货，两匹小马能驮1担货，如果用100匹马驮100担货，问有大、中、小马各几匹？

（15）求$s= a + aa + aaa + \cdots + aa\cdots a$的值（最后一个数中$a$的个数为$n$），其中$a$是一个1～9的数字，例如2 + 22 + 222 + 2222 + 22222（此时a=2，n=5）。

（16）求1！+2！+3！+4！+5！的和。

（17）计算1～100能被7或者3整除但不能同时被这两者整除的数的个数。

（18）一个球从100米的高度自由落下，每次落地后反跳回原高度的一半，再落下。求它在第n次落地时，共经过多少米？

（19）一个整数，它加上100后是一个完全平方数，再加上168后又是一个完全平方数，请问该整数是多少？（备注：能表示为某个整数的平方的数称为完全平方数。）

（20）有一对兔子，从出生后第3个月起每个月都生一对兔子，小兔子长到第3个月后每个月又生一对兔子，假如兔子都不死，问每个月的兔子总数为多少？

（21）将一个正整数分解质因数。例如，输入90，输出90=2×3×3×5。

四、实验报告

<table>
<tr><td colspan="6">“Python程序设计基础”课程实验报告</td></tr>
<tr><td>题目：</td><td></td><td>姓名：</td><td></td><td>日期：</td><td></td></tr>
<tr><td colspan="6">实验环境：</td></tr>
<tr><td colspan="6">实验内容与完成情况：</td></tr>
<tr><td colspan="6">出现的问题：</td></tr>
<tr><td colspan="6">解决方案（列出出现的问题和解决方案，列出没有解决的问题）：</td></tr>
</table>

第4章 序列

数据结构是通过某种方式组织在一起的元素的集合。序列是Python中最基本的数据结构之一，是指一块可存放多个值的连续内存空间，这些值按一定的顺序排列，我们可通过每个值所在位置的索引访问它们。在Python中，序列类型包括列表、元组、字典、集合和字符串，本章将分别介绍这5种序列类型。

4.1 列表

列表是最常用的Python序列类型之一，列表的元素不需要类型相同。在形式上，只要把用逗号分隔的不同类型的元素使用方括号括起来，就可以构成一个列表，例如：

```
[ ‘hadoop', 'spark', 2021, 2010]
[1, 2, 3, 4, 5]
["a", "b", "c", "d"]
['Monday', 'Tuesday', 'Wednesday', 'Thursday', 'Friday', 'Saturday', 'Sunday']
```

4.1.1 列表的创建与删除

Python提供了多种创建列表的方法，包括使用赋值运算符直接创建列表、创建空列表、创建数值列表等。

1. 使用赋值运算符直接创建列表

同其他类型的Python变量一样，在创建列表时，也可以直接使用赋值运算符（=）将一个列表赋值给变量，如下所示：

```
student = ['小明', '男', 2010,10]
num = [1, 2, 3, 4, 5]
motto = ["自强不息","止于至善"]
list = ['hadoop', '年度畅销书',[2020,12000]]
```

可以看出，列表里面的元素仍然可以是列表。需要注意的是，尽管一个列表中可以放入不同类型的元素，但是，为了提高程序的可读性，一般建议在一个列表中只出现一种数据类型的元素。

2. 创建空列表

在Python中创建新的空列表的方法如下：

```
empty_list = []
```

这时生成的empty_list就是一个空列表，如果使用内置函数len()去获取它的长度，返回结果为0，如下所示：

```
>>> empty_list = []
>>> print(type(empty_list))
<class 'list'>
>>> print(len(empty_list))
0
```

3. 创建数值列表

Python中的数值列表很常用，它用于存储数值集合。Python提供了list()函数，它可以将range对象、字符串、元组或其他可迭代类型的数据转换为列表。例如，创建一个包含1～5的整数的列表：

```
>>> num_list = list(range(1,6))
>>> print(num_list)
[1, 2, 3, 4, 5]
```

下面创建一个包含1～10的奇数的列表：

```
>>> num_list = list(range(1,11,2))
>>> print(num_list)
[1, 3, 5, 7, 9]
```

4. 列表的删除

当列表不再被使用时，可以使用del命令删除整个列表，如果列表对象所指向的值不再有其他对象指向，Python将同时删除该值。下面是一个具体实例：

```
>>> motto = ['自强不息','止于至善']
>>> motto
['自强不息', '止于至善']
>>> del motto
>>> motto
Traceback (most recent call last):
  File "<pyshell#43>", line 1, in <module>
    motto
NameError: name 'motto' is not defined
```

从上面代码的执行结果可以看出，删除列表对象motto以后，该对象就不存在了，再次访问该对象时就会抛出异常。

4.1.2 访问列表元素

列表索引从0开始，第二个索引是1，以此类推，如图4-1所示。

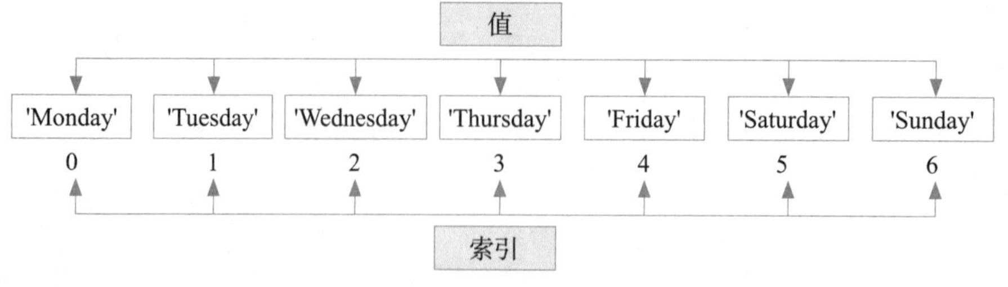

图4-1 列表索引

下面是一段代码实例：

```
>>> list = ['Monday', 'Tuesday', 'Wednesday', 'Thursday', 'Friday', 
'Saturday', 'Sunday']
```

```
>>> print(list[0])
Monday
>>> print(list[1])
Tuesday
>>> print(list[2])
Wednesday
```

索引也可以从尾部开始，最后一个元素的索引为–1，往前一位为–2，依次类推，如图4-2所示。

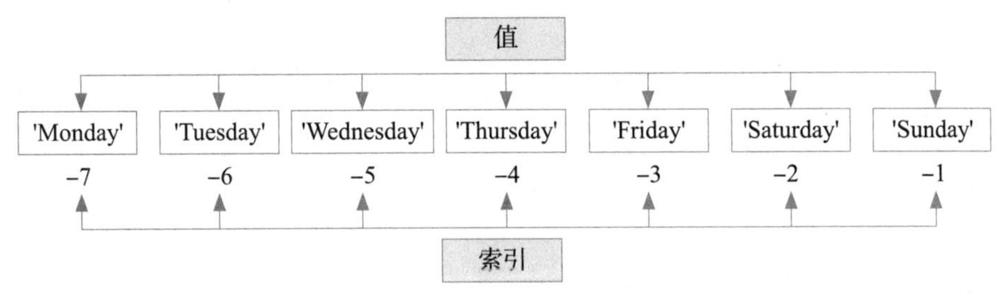

图4-2 列表反向索引

下面是一段代码实例：

```
>>> list = ['Monday', 'Tuesday', 'Wednesday', 'Thursday', 'Friday', 'Saturday',
'Sunday']
>>> print(list[-1])
Sunday
>>> print(list[-2])
Saturday
>>> print(list[-3])
Friday
```

可以使用for循环实现列表的遍历。

例4-1 使用for循环实现列表的遍历。

```
list1 = ["hadoop", "spark", "flink", "storm"]
for element in list1:
    print(element)
```

上面代码的执行结果如下：

```
hadoop
spark
flink
storm
```

4.1.3 添加、删除、修改列表元素

1．列表元素的添加

在实际应用中，我们经常需要向列表中动态地添加元素。Python主要提供了5种添加列表元素的方法。

（1）append()。列表对象的append()方法用于在列表的末尾追加元素，举例如下：

```
>>> books = ["hadoop","spark"]
>>> len(books)              # 获取列表的元素个数
2
>>> books.append("flink")
>>> books.append("hbase")
>>> len(books)              # 获取列表的元素个数
4
```

（2）insert()。列表对象的insert()方法用于将元素添加至列表的指定位置，举例如下：

```
>>> num_list = [1,2,3,4,5]
>>> num_list
[1, 2, 3, 4, 5]
>>> num_list.insert(2,9)
>>> num_list
[1, 2, 9, 3, 4, 5]
```

在上面的代码中，num_list.insert(2,9)表示向列表的第2个元素后面添加一个新的元素9。这样会让插入位置后面所有的元素进行移动，如果列表元素较多，则会影响处理速度。

（3）extend()。列表对象的extend()方法用于将另一个迭代对象的所有元素添加至该列表对象的尾部，举例如下：

```
>>> num_list = [1,1,2]
>>> id(num_list)
47251200
>>> num_list.extend([3,4])
>>> num_list
[1, 1, 2, 3, 4]
>>> id(num_list)
47251200
```

可以看出，num_list调用extend()方法将目标列表的所有元素添加到本列表的尾部，属于原地操作（内存地址没有发生变化），不创建新的列表对象。

（4）“+”运算符。可以使用“+”运算符把元素添加到列表中，举例如下：

```
>>> num_list = [1,2,3]
>>> id(num_list)
46818176
>>> num_list = num_list + [4]
>>> num_list
[1, 2, 3, 4]
>>> id(num_list)
47251392
```

可以看出，num_list在添加新元素以后，其内存地址发生了变化，这是因为在添加新元素时创建了一个新的列表，并把原列表中的元素和新元素依次复制到了新列表的内存空间。当列表中的元素较多时，该操作速度会比较慢。

（5）“*”运算符。Python提供了“*”运算符来扩展列表对象。可以将列表与整数相乘，生成一个新列表，新列表中的元素是原列表中元素的重复，举例如下：

```
>>> num_list = [1,2,3]
>>> other_list = num_list
>>> id(num_list)
47170496
>>> id(other_list)
47170496
>>> num_list = num_list*3
>>> num_list
[1, 2, 3, 1, 2, 3, 1, 2, 3]
>>> other_list
[1, 2, 3]
>>> id(num_list)
50204480
>>> id(other_list)
47170496
```

2．列表元素的删除

列表元素的删除主要有3种方法。

（1）使用del语句删除元素。在Python中可以使用del语句删除指定位置的列表元素，举例如下：

```
>>> demo_list = ['a','b','c','d']
>>> del demo_list[0]
>>> demo_list
['b', 'c', 'd']
```

（2）使用pop()方法删除元素。可以使用pop()方法删除列表末尾的元素，举例如下：

```
>>> demo_list = ['a','b','c','d']
>>> demo_list.pop()
'd'
>>> demo_list
['a', 'b', 'c']
```

（3）使用remove()方法删除元素。可以使用remove()方法删除首次出现的指定元素，如果列表中不存在要删除的元素，则抛出异常，举例如下：

```
>>> num_list = [1,2,3,4,5,6,7]
>>> num_list.remove(4)
>>> num_list
[1, 2, 3, 5, 6, 7]
```

3．列表元素的修改

修改列表元素的操作较为简单，举例如下：

```
>>> books = ["hadoop","spark","flink"]
>>> books
['hadoop', 'spark', 'flink']
>>> books[2] = "storm"
>>> books
['hadoop', 'spark', 'storm']
```

4.1.4 对列表进行统计

1．获取指定元素出现的次数

可以使用列表对象的count()方法来获取指定元素在列表中出现的次数，举例如下：

```
>>> books = ["hadoop","spark","flink","spark"]
>>> num = books.count("spark")
>>> print(num)
2
```

2．获取指定元素首次出现的索引

可以使用列表对象的index()方法来获取指定元素首次出现的索引，语法格式如下：

```
index(value,[start,[stop]])
```

其中，start和stop用来指定搜索范围，start默认为0，stop默认为列表长度。如果列表对象中不存在指定元素，则会抛出异常。举例如下：

```
>>> books = ["hadoop","spark","flink","spark"]
>>> position = books.index("spark")
>>> print(position)
1
```

3．统计数值列表的元素和

Python提供了sum()函数用于统计数值列表的元素和，语法格式如下：

```
sum(aList[,start])
```

其中，aList表示要统计的数值列表，start用于指定相加的参数，如果没有指定，默认值为0。举例如下：

```
>>> score = [84,82,95,77,65]
>>> total = sum(score)                    # 从0开始累加
>>> print("总分数是: ",total)
总分数是: 403
>>> totalplus = sum(score,100)            # 指定相加的参数为100
```

```
>>> print("增加100分后的总分数是：",totalplus)
增加100分后的总分数是：503
```

4.1.5 对列表进行排序

Python列表对象提供了内置的sort()方法用来排序，也可以用Python内置的全局sorted()方法对列表排序生成新的列表。

1．使用列表对象内置的sort()方法排序

可以使用列表对象内置的sort()方法对列表中的元素进行排序，排序后列表中的元素顺序将会发生改变。语法格式如下：

```
aList.sort(key=None,reverse=False)
```

其中，aList表示要排序的列表，key参数用于指定一个函数，此函数将在比较每个元素前被调用，例如，可以设置“key=str.lower”来忽略字母的大小写。reverse是一个可选参数，值为True表示降序排序，值为False表示升序排序，默认为False。具体实例如下：

```
>>> num_list = [1,2,3,4,5,6,7,8,9,10]
>>> import random
>>> random.shuffle(num_list)              # 打乱排序
>>> num_list
[4, 9, 10, 6, 2, 8, 1, 3, 7, 5]
>>> num_list.sort()                       #升序排序
>>> num_list
[1, 2, 3, 4, 5, 6, 7, 8, 9, 10]
>>> num_list.sort(reverse=True)           # 降序排序
>>> num_list
[10, 9, 8, 7, 6, 5, 4, 3, 2, 1]
```

当列表中的元素类型是字符串时，sort()函数排序的规则是，先对大写字母进行排序，再对小写字母进行排序。具体实例如下：

```
>>> books = ["hadoop","Hadoop","Spark","spark","flink","Flink"]
>>> books.sort()                          # 默认区分字母大小写
>>> books
['Flink', 'Hadoop', 'Spark', 'flink', 'hadoop', 'spark']
>>> books.sort(key=str.lower)             # 不区分字母大小写
>>> books
['Flink', 'flink', 'Hadoop', 'hadoop', 'Spark', 'spark']
```

2．使用内置的全局sorted()方法排序

Python提供了一个内置的全局sorted()方法，可以用来对列表排序生成新的列表，原列表的元素顺序保持不变，语法格式如下：

```
sorted(aList,key=None,reverse=False)
```

其中，aList表示要排序的列表，key参数用于指定一个函数，此函数将在比较每个元素前被调用。具体实例如下：

```
>>> score = [84,82,95,77,65]
>>> score_asc = sorted(score) # 升序排序
>>> score_asc
[65, 77, 82, 84, 95]
>>> score                                             # 原列表不变
[84, 82, 95, 77, 65]
>>> score_desc = sorted(score,reverse=True)           # 降序排序
>>> score_desc
[95, 84, 82, 77, 65]
>>> score                                             # 原列表不变
[84, 82, 95, 77, 65]
```

4.1.6 成员资格判断

如果需要判断列表中是否存在指定的值，可以采用以下4种不同的方式：in、not in、count()、index()。

（1）可以使用in操作符判断一个值是否存在于列表中，实例如下：

```
>>> books = ["hadoop","spark","flink","spark"]
>>> "hadoop" in books
True
>>> "storm" in books
False
```

（2）可以使用not in操作符判断一个值是否不在列表中，实例如下：

```
>>> books = ["hadoop","spark","flink","spark"]
>>> "storm" not in books
True
>>> "hadoop" not in books
False
```

（3）可以使用列表对象的count()方法判断指定值在列表中出现的次数，如果指定的值存在，则返回大于0的数，如果返回0，则表示指定的值不存在，实例如下：

```
>>> books = ["hadoop","spark","flink","spark"]
>>> books.count("spark")
2
>>> books.count("storm")
0
```

（4）可以使用index()方法查看指定值在列表中的位置，如果列表中存在指定值，则会返回该值第一次出现的位置，否则会抛出错误，实例如下：

```
>>> books = ["hadoop","spark","flink","spark"]
>>> books.index("spark")
1
>>> books.index("storm")
Traceback (most recent call last):
  File "<pyshell#145>", line 1, in <module>
    books.index("storm")
ValueError: 'storm' is not in list
```

4.1.7 切片操作

切片操作是访问序列中元素的一种方法，它不是列表特有的，Python中的所有有序序列（如字符串、元组）都支持切片操作。切片的返回结果的类型和切片对象的类型一致，返回的是切片对象的子序列，比如，对一个列表切片返回列表，对一个字符串切片返回字符串。

通过切片操作可以生成一个新的列表（不会改变原列表），切片操作的语法格式如下：

```
listname[start : end : step]
```

其中，listname表示列表名称；start是切片起点的索引，如果不指定，默认值为0；end是切片终点的索引（但是切片结果不包括终点索引的值），如果不指定，默认值为列表的长度；step是步长，默认值是1（也就是依次遍历列表中的元素），当省略步长时，最后一个冒号也可以省略。下面是一些切片操作的具体实例：

```
>>> num_list = [13,54,38,93,28,74,59,92,85,66]
>>> num_list[1:3]         # 从索引1的位置开始取，取到索引3的位置（不含索引3）
[54, 38]
>>> num_list[:3]          # 从索引0的位置开始取，取到索引3的位置（不含索引3）
[13, 54, 38]
>>> num_list[1:]          # 从索引1的位置开始取，取到列表尾部，步长为1
[54, 38, 93, 28, 74, 59, 92, 85, 66]
>>> num_list[1::]         # 从索引1的位置开始取，取到列表尾部，步长为1
[54, 38, 93, 28, 74, 59, 92, 85, 66]
>>> num_list[:]           # 从头取到尾，步长为1
[13, 54, 38, 93, 28, 74, 59, 92, 85, 66]
>>> num_list[::]          # 从头取到尾，步长为1
[13, 54, 38, 93, 28, 74, 59, 92, 85, 66]
>>> num_list[::-1]        # 从尾取到头，逆向获取列表元素，步长为1
[66, 85, 92, 59, 74, 28, 93, 38, 54, 13]
>>> num_list[::2]         # 从头取到尾，步长为2
[13, 38, 28, 59, 85]
>>> num_list[2:6:2]       # 从索引2的位置开始取，取到索引6的位置（不含索引6），步长为2
[38, 28]
>>> num_list[0:100:1]     # 从索引0的位置开始取，取到索引100的位置，步长为1
[13, 54, 38, 93, 28, 74, 59, 92, 85, 66]
>>> num_list[100:]        # 从索引100的位置开始取，不存在元素
```

```
[]
>>> num_list[8:2:-2]        # 从索引8的位置逆向取元素，取到索引2的位置（不含索引2），步长为2
[85, 59, 28]
>>> num_list[3:-1]          # 从索引3的位置取到倒数第1个元素（不包含倒数第1个元素）
[93, 28, 74, 59, 92, 85]
>>> num_list[-2]            # 取出倒数第2个元素
85
>>> num_list                # 原列表没有发生变化
[13, 54, 38, 93, 28, 74, 59, 92, 85, 66]
```

可以结合del命令与切片操作来删除列表中的部分元素，实例如下：

```
>>> num_list = [13,54,38,93,28,74,59,92,85,66]
>>> del num_list[:4]
>>> num_list
[28, 74, 59, 92, 85, 66]
```

4.1.8 列表推导式

列表推导式可以利用range对象、元组、列表、字典和集合等数据类型，快速生成一个满足指定需求的列表。

列表推导式的语法格式如下：

```
[表达式 for 迭代变量 in 可迭代对象 [if 条件表达式] ]
```

其中，[if 条件表达式]不是必要的，可以使用，也可以省略。

例如，利用0～9的平方生成一个整数列表，代码如下：

```
>>> a_range = range(10)
>>> a_list = [x * x for x in a_range]
>>> a_list
[0, 1, 4, 9, 16, 25, 36, 49, 64, 81]
```

还可以在列表推导式中添加if条件表达式，这样列表推导式将只迭代那些符合条件的元素，实例如下：

```
>>> b_list = [x * x for x in a_range if x % 2 == 0]
>>> b_list
[0, 4, 16, 36, 64]
```

上面的列表推导式都只包含一个循环，实际上可以使用多重循环，实例如下：

```
>>> c_list = [(x, y) for x in range(3) for y in range(2)]
>>> c_list
[(0, 0), (0, 1), (1, 0), (1, 1), (2, 0), (2, 1)]
```

上面的代码中，x是遍历range(3)的迭代变量（计数器），因此x可迭代3次；y是遍历range(2)的迭代变量，因此y可迭代2次。因此，表达式(x, y)一共会迭代6次。

Python还支持类似3层嵌套的for表达式，实例如下：

```
>>> d_list = [[x, y, z] for x in range(2) for y in range(2) for z in range(2)]
>>> d_list
[[0, 0, 0], [0, 0, 1], [0, 1, 0], [0, 1, 1], [1, 0, 0], [1, 0, 1], [1, 1, 
0], [1, 1, 1]]
```

对于包含多个循环的for表达式，同样可以指定if条件表达式。例如，要将两个列表中的数值按“能否整除”的关系配对在一起，比如列表list1包含5，列表list2包含20，20可以被5整除，那么就将20和5配对在一起。实现上述功能的代码如下：

```
>>> list1 = [3, 5, 7, 11]
>>> list2 = [20, 15, 33, 24, 27, 58, 46, 121, 49]
>>> result = [(x, y) for x in list1 for y in list2 if y % x == 0]
>>> result
[(3, 15), (3, 33), (3, 24), (3, 27), (5, 20), (5, 15), (7, 49), (11, 33), 
(11, 121)]
```

4.1.9 二维列表

二维列表是指列表中的每个元素仍然是列表。比如，下面就是一个二维列表的实例：

```
[['自','强','不','息'],
['止','于','至','善']]
```

可以通过直接赋值的方式来创建二维列表，实例如下：

```
>>> dim2_list = [['自','强','不','息'],['止','于','至','善']]
>>> dim2_list
[['自', '强', '不', '息'], ['止', '于', '至', '善']]
```

还可以通过for循环来为二维列表赋值。

例4-2 通过for循环来为二维列表赋值。

```
01 # create_list.py
02 dim2_list = []                          # 创建一个空列表
03 for i in range(3):
04         dim2_list.append([])            # 为空列表添加的每个元素依然是空列表
05         for j in range(4):
06                 dim2_list[i].append(j)  # 为内层列表添加元素
07 print(dim2_list)
```

上面代码的执行结果如下：

```
[[0, 1, 2, 3], [0, 1, 2, 3], [0, 1, 2, 3]]
```

此外，也可以使用列表推导式来创建二维列表，实例如下：

```
>>> dim2_list = [[j for j in range(4)] for i in range(3)]
>>> dim2_list
[[0, 1, 2, 3], [0, 1, 2, 3], [0, 1, 2, 3]]
```

访问二维列表时，可以使用索引来定位，实例如下：

```
>>> dim2_list = [['自','强','不','息'],['止','于','至','善']]
>>> dim2_list[1][2]
'至'
```

4.2 元组

Python中的列表是一种数据结构，用于存储一系列有序的数据集。列表是可以修改的，这对于存储一些变化的数据而言至关重要。但是，也不是任何数据都要在程序运行期间进行修改，有时候需要创建一组不可修改的数据，此时可以使用元组。

4.2.1 创建元组

元组的创建和列表的创建很相似，不同之处在于，创建列表时使用的是方括号，而创建元组时则需要使用圆括号。元组的创建方法很简单，只需要在圆括号中添加元素，并使用逗号分隔即可，实例如下：

```
>>> tuple1 = ('hadoop','spark',2008,2009)
>>> tuple2 = (1,2,3,4,5)
>>> tuple3 = ('hadoop',2008,("大数据","分布式计算"),["spark","flink","storm"])
```

创建空元组的方法如下：

```
>>> tuple1 = ()
```

需要注意的是，当元组中只包含一个元素时，需要在元素后面添加逗号，否则括号会被当作运算符使用，实例如下：

```
>>> tuple1 = (20)
>>> type(tuple1)
<class 'int'>
>>> tuple1 = (50,)
>>> type(tuple1)
<class 'tuple'>
```

也可以使用tuple()函数和range()函数来生成数值元组，实例如下：

```
>>> tuple1 = tuple(range(1,10,2))
>>> tuple1
(1, 3, 5, 7, 9)
```

4.2.2 访问元组

可以使用索引来访问元组中的元素，实例如下：

```
>>> tuple1 = ("hadoop", "spark", "flink", "storm")
>>> tuple1[0]
'hadoop'
>>> tuple1[1]
'spark'
```

对于元组而言，也可以像列表一样，采用切片的方式来获取指定的元素，实例如下：

```
>>> tuple1 = (1,2,3,4,5,6,7,8,9)
>>> tuple1[2:5]
(3, 4, 5)
```

还可以使用for循环实现元组的遍历。

例4-3 使用for循环实现元组的遍历。

```
# for_tuple.py
tuple1 = ("hadoop", "spark", "flink", "storm")
for element in tuple1:
    print(element)
```

上面代码的执行结果如下：

```
hadoop
spark
flink
storm
```

4.2.3 修改元组

元组中的元素值是不允许被修改的，实例如下：

```
>>> tuple1 = ("hadoop", "spark", "flink")
>>> tuple1[0]
'hadoop'
>>> tuple1[0] = 'storm'          # 修改元组中的元素值，不允许，会报错
Traceback (most recent call last):
  File "<pyshell#2>", line 1, in <module>
    tuple1[0] = 'storm'
TypeError: 'tuple' object does not support item assignment
```

虽然元组中的元素值是不允许被修改的，但是我们可以对元组进行连接组合，实例如下：

```
>>> tuple1 = ("hadoop", "spark", "flink")
>>> tuple2 = ("java","python","scala")
```

```
>>> tuple3 = tuple1 + tuple2
>>> tuple3
('hadoop', 'spark', 'flink', 'java', 'python', 'scala')
```

此外，也可以对元组进行重新赋值来改变元组的值，实例如下：

```
>>> tuple1 = (1,2,3)
>>> tuple1
(1, 2, 3)
>>> tuple1 = (4,5,6)
>>> tuple1
(4, 5, 6)
```

4.2.4 删除元组

元组属于不可变（Immutable）序列，无法删除元组中的部分元素，只能使用del命令删除整个元组对象，具体语法格式如下：

```
del tuplename
```

其中，tuplename表示要删除元组的名称。具体实例如下：

```
>>> tuple1 = ("hadoop", "spark", "flink", "storm")
>>> del tuple1
>>> tuple1
Traceback (most recent call last):
  File "<pyshell#79>", line 1, in <module>
    tuple1
NameError: name 'tuple1' is not defined
```

可以看出，一个元组被删除以后，就不能再次引用，否则会抛出异常。

4.2.5 元组推导式

和生成列表一样，我们也可以使用元组推导式快速生成元组。元组推导式的语法格式如下：

```
(表达式 for 迭代变量 in 可迭代对象 [if 条件表达式] )
```

其中，if 条件表达式不是必要的，可以使用，也可以省略。

通过将元组推导式和列表推导式的语法格式做对比可以发现，除了元组推导式是用圆括号将各部分括起来，而列表推导式用的是方括号，其他完全相同。不仅如此，元组推导式和列表推导式的用法也完全相同。例如，可以使用下面的代码生成一个包含数字1～9的元组：

```
>>> tuple1 = (x for x in range(1,10))
>>> tuple1
<generator object <genexpr> at 0x0000000002C7FC80>
```

可以看出，使用元组推导式生成的结果并不是一个元组，而是一个生成器对象，这一点和列表推导式是不同的。

如果我们想要使用元组推导式获得新元组或新元组中的元素，可以使用如下方式：

```
>>> tuple1 = (x for x in range(1,10))
>>> tuple(tuple1)
(1, 2, 3, 4, 5, 6, 7, 8, 9)
```

也可以使用__next__()方法遍历生成器对象来获得各个元素，实例如下：

```
>>> tuple1 = (x for x in range(1,10))
>>> print(tuple1.__next__())
1
>>> print(tuple1.__next__())
2
>>> print(tuple1.__next__())
3
>>> tuple1 = tuple(tuple1)
>>> tuple1
( 4, 5, 6, 7, 8, 9)
```

4.2.6 元组的常用内置函数

元组的常用内置函数如下。

- len(tuple)：计算元组长度，即元组中的元素个数。
- max(tuple)：返回元组中元素的最大值。
- min(tuple)：返回元组中元素的最小值。
- tuple(seq)：将列表转为元组。

例4-4 元组的常用内置函数的应用实例。

```
# tuple_function.py
tuple1 = ("hadoop", "spark", "flink", "storm")
# 计算元组的长度
len_size = len(tuple1)
print("元组长度是",len_size)
# 返回元组中元素的最大值和最小值
tuple_number = (1,2,3,4,5)
max_number = max(tuple_number)
min_number = min(tuple_number)
print("元组最大值是",max_number)
print("元组最小值是",min_number)
# 将列表转为元组
list1 = ["hadoop", "spark", "flink", "storm"]
tuple2 = tuple(list1)
# 输出tuple2数据类型
print("tuple2的数据类型是",type(tuple2))
```

上面代码的执行结果如下：

```
元组长度是 4
元组最大值是 5
元组最小值是 1
tuple2的数据类型是 <class 'tuple'>
```

4.2.7 元组与列表的区别

元组和列表都属于序列，二者的区别主要体现在以下几个方面。

（1）列表属于可变序列，列表中的元素可以随时修改或删除，比如使用append()、extend()、insert()方法向列表添加元素，使用del语句及remove()和pop()方法删除列表中的元素。元组属于不可变序列，没有append()、extend()和insert()等方法，不能修改其中的元素，也没有remove()和pop()方法，不能从元组中删除元素，更无法使用del语句对元组元素进行删除。

（2）元组和列表都支持切片操作，但是列表支持使用切片方式来修改其中的元素，而元组则不支持使用切片方式来修改其中的元素。

（3）元组的访问和处理速度比列表的快。如果只是对元素进行遍历，而不需要对元素进行任何修改，那么一般建议使用元组而非列表。

（4）作为不可变序列，与整数、字符串一样，元组可以作为字典的键，而列表则不可以。

在实际应用中，经常需要在元组和列表之间进行转换，具体方法如下。

（1）tuple()函数可以接收一个列表作为参数，返回同样元素的元组。

（2）list()函数可以接收一个元组作为参数，返回同样元素的列表。

下面是元组和列表互相转换的实例：

```
>>> list1 = ["hadoop", "spark", "flink", "storm"]
>>> tuple1 = tuple(list1)       # 把列表转换成元组
>>> tuple1
('hadoop', 'spark', 'flink', 'storm')
>>> print("tuple1的数据类型是",type(tuple1))
tuple1的数据类型是 <class 'tuple'>
>>> tuple2 = (1,2,3,4,5)
>>> list2 = list(tuple2)        # 把元组转换成列表
>>> list2
[1, 2, 3, 4, 5]
>>> print("list2的数据类型是",type(list2))
list2的数据类型是 <class 'list'>
```

4.2.8 序列封包和序列解包

程序把多个值赋给一个变量时，Python会自动将多个值封装成元组，这种功能被称为“序列封包”。下面是一个序列封包的实例：

```
>>> values = 1, 2, 3
>>> values
```

```
(1, 2, 3)
>>> type(values)
<class 'tuple'>
>>> values[1]
2
```

程序允许将序列（元组或列表等）直接赋值给多个变量，此时序列的各元素会被依次赋值给每个变量（要求序列的元素个数和变量的个数相等），这种功能被称为“序列解包”。可以使用序列解包功能对多个变量同时赋值，实例如下：

```
>>> a, b, c = 1, 2, 3
>>> print(a, b, c)
1 2 3
```

可以对range对象进行序列解包，实例如下：

```
>>> a, b, c = range(3)
>>> print(a, b, c)
0 1 2
```

可以将元组的各个元素依次赋值给多个变量，实例如下：

```
>>> a_tuple = tuple(range(1, 10, 2))
>>> print(a_tuple)
(1, 3, 5, 7, 9)
>>> a, b, c, d, e = a_tuple
>>> print(a, b, c, d, e)
1 3 5 7 9
```

下面是一个关于列表的序列解包的实例：

```
>>> a_list = [1, 2, 3]
>>> x, y, z = a_list
>>> print(x, y, z)
1 2 3
```

4.3 字典

字典也是Python提供的一种常用的数据结构，用于存储具有映射关系的数据。比如，有一份学生成绩表数据，语文67分，数学91分，英语78分，如果使用列表存储这些数据，则需要两个列表，即["语文","数学","英语"]和[67,91,78]。但是，使用两个列表来存储这组数据，就无法记录两组数据之间的关联关系。为了存储这种具有映射关系的数据，Python提供了字典。字典相当于存储了两组数据，其中一组数据是关键数据，被称为“键”（Key）；另一组数据可通过键来访问，被称为“值”（Value）。

字典具有如下特性。

（1）字典的元素是“键值对”，由于字典中的键是非常关键的数据，而且程序需要通过键来访问值，因此字典中的键不允许重复，必须是唯一值，而且键必须不可变。

（2）字典不支持索引和切片，但可以通过键查询值。

（3）字典是无序的对象集合，列表是有序的对象集合，两者之间的区别在于，字典中的元素是通过键来存取的，而不是通过偏移量存取。

（4）字典是可变的，并且可以任意嵌套。

4.3.1 字典的创建与删除

字典用花括号“{}”标识。在使用花括号语法创建字典时，花括号中应包含多个键值对，键与值之间用英文冒号隔开，多个键值对之间用英文逗号隔开。具体实例如下：

```
>>> grade = {"语文":67, "数学":91, "英语":78}          # 键是字符串
>>> grade
{'语文': 67, '数学': 91, '英语': 78}
>>> empty_dict = {}                                  # 创建一个空字典
>>> empty_dict
{}
>>> dict1 = {(1,2):"male",(1,3):"female"}            # 键是元组
>>> dict1
{(1, 2): 'male', (1, 3): 'female'}
```

需要指出的是，元组可以作为字典的键，但列表不能作为字典的键，因为字典要求键必须是不可变类型，但列表是可变类型。

此外，Python还提供了内置函数dict()来创建字典，实例如下：

```
>>> books = [('hadoop', 132), ('spark', 563), ('flink', 211)]
>>> dict1 = dict(books)
>>> dict1
{'hadoop': 132, 'spark': 563, 'flink': 211}
>>> scores = [['计算机', 85], ['大数据', 88], ['Spark编程', 89]]
>>> dict2 = dict(scores)
>>> dict2
{'计算机': 85, '大数据': 88, 'Spark编程': 89}
>>> dict3 = dict(curriculum='计算机',grade=87)      # 通过指定参数创建字典
>>> dict3
{'curriculum': '计算机', 'grade': 87}
>>> keys = ["语文","数学","英语"]
>>> values = [67,91,78]
>>> dict4 = dict(zip(keys,values))
>>> dict4
{'语文': 67, '数学': 91, '英语': 78}
>>> dict5 = dict()                                  # 创建空字典
>>> dict5
{}
```

上面的代码中，zip()函数用于将可迭代的对象作为参数，并将对象中对应的元素打包成一个个元组，然后返回由这些元组组成的列表，例如：

```
>>> x = [1,2,3]
>>> y = ["a","b","c"]
>>> zipped = zip(x,y)
>>> zipped
<zip object at 0x0000000002CC9D40>
>>> list(zipped)
[(1, 'a'), (2, 'b'), (3, 'c')]
```

对于不再需要的字典，可以使用del命令将其删除，实例如下：

```
>>> grade = {"语文":67, "数学":91, "英语":78}
>>> del grade
```

还可以使用字典对象的clear()方法清空字典中的所有元素，让字典变成一个空字典，实例如下：

```
>>> grade = {"语文":67, "数学":91, "英语":78}
>>> grade.clear()
>>> grade
{}
```

4.3.2 访问字典

字典包含多个键值对，而键是字典的关键数据，因此对字典的操作都是基于键的，对字典的主要操作如下。

- 通过键访问值。
- 通过键添加键值对。
- 通过键删除键值对。
- 通过键修改键值对。
- 通过键判断指定键值对是否存在。

与列表和元组一样，对于字典而言，通过键访问值时使用的也是方括号语法。只是此时在方括号中放的是键，而不是列表或元组中的索引，若指定的键不存在，则会抛出异常。实例如下：

```
>>> grade = {"语文":67, "数学":91, "英语":78}
>>> grade["语文"]
67
>>> grade["计算机"]
Traceback (most recent call last):
  File "<pyshell#9>", line 1, in <module>
    grade["计算机"]
KeyError: '计算机'
```

Python中推荐使用字典对象的get()方法获取指定键的值，其语法格式如下：

```
dictname.get(key[,default])
```

其中，dictname表示字典对象；key表示指定的键；default是可选项，用于当指定的键不存在时返回一个默认值，如果省略，则返回None。具体实例如下：

```
>>> grade = {"语文":67, "数学":91, "英语":78}
>>> grade.get("数学")
91
>>> grade.get("英语","不存在该课程")
78
>>> grade.get("计算机","不存在该课程")
'不存在该课程'
>>> grade.get("计算机")
>>> # 执行结果返回None，屏幕上不可见
```

另外，可以使用字典对象的items()方法获取键值对列表；使用字典对象的keys()方法获取键列表；使用字典对象的values()方法获取值列表。具体实例如下：

```
>>> grade = {"语文":67, "数学":91, "英语":78}
>>> items = grade.items()
>>> type(items)
<class 'dict_items'>
>>> items
dict_items([('语文', 67), ('数学', 91), ('英语', 78)])
>>> keys = grade.keys()
>>> type(keys)
<class 'dict_keys'>
>>> keys
dict_keys(['语文', '数学', '英语'])
>>> values = grade.values()
>>> type(values)
<class 'dict_values'>
>>> values
dict_values([67, 91, 78])
```

可以看出，items()、keys()、values() 3种方法依次返回dict_items、dict_keys和dict_values对象，Python不希望用户直接操作这几个对象，用户可通过list()函数把它们转换成列表，实例如下：

```
>>> grade = {"语文":67, "数学":91, "英语":78}
>>> items = grade.items()
>>> list(items)
[('语文', 67), ('数学', 91), ('英语', 78)]
>>> keys = grade.keys()
>>> list(keys)
['语文', '数学', '英语']
>>> values = grade.values()
```

```
>>> list(values)
[67, 91, 78]
```

还可以通过for循环对items()方法返回的结果进行遍历，实例如下：

```
>>> grade = {"语文":67, "数学":91, "英语":78}
>>> for item in grade.items():
        print(item)
('语文', 67)
('数学', 91)
('英语', 78)
>>> for key,value in grade.items():
        print(key,value)
语文 67
数学 91
英语 78
```

此外，Python还提供了pop()方法，用于获取指定键对应的值，并删除这个键值对，实例如下：

```
>>> grade = {"语文":67, "数学":91, "英语":78}
>>> grade.pop("英语")
78
>>> grade
{'语文': 67, '数学': 91}
```

4.3.3 添加、修改和删除字典元素

字典是可变序列，因此，可以对字典进行元素的添加、修改和删除操作。可以使用如下方式向字典中添加元素：

```
dictname[key] = value
```

其中，dictname表示字典对象的名称；key表示要添加的元素的键，可以是字符串、数字或者元组，但是键必须具有唯一性，并且是不可变的；value表示要添加的元素的值。具体实例如下：

```
>>> grade = {"语文":67, "数学":91, "英语":78}
>>> grade["计算机"] = 93
>>> grade
{'语文': 67, '数学': 91, '英语': 78, '计算机': 93}
```

当需要修改字典对象中的某个元素的值时，可以直接为该元素赋予新值，新值会替换原来的旧值。具体实例如下：

```
>>> grade = {"语文":67, "数学":91, "英语":78}
>>> grade
{'语文': 67, '数学': 91, '英语': 78}
```

```
>>> grade["语文"] = 88
>>> grade
{'语文': 88, '数学': 91, '英语': 78}
```

当不再需要字典中的某个元素时，可以使用del命令将其删除。具体实例如下：

```
>>> grade = {"语文":67, "数学":91, "英语":78}
>>> del grade["英语"]
>>> grade
{'语文': 67, '数学': 91}
```

另外，还可以使用字典对象的update()方法，用一个字典所包含的键值对来更新已有的字典。在执行update()方法时，如果被更新的字典包含对应的键值对，那么原值会被覆盖；如果被更新的字典不包含对应的键值对，则该键值对会被添加进去。具体实例如下：

```
>>> grade = {"语文":67, "数学":91, "英语":78}
>>> grade.update({"语文":59,"数学":91,"英语":78,"计算机":98})
>>> grade
{'语文': 59, '数学': 91, '英语': 78, '计算机': 98}
```

4.3.4 字典推导式

和列表推导式、元组推导式类似，可以使用字典推导式快速生成一个符合需求的字典。字典推导式的语法格式如下：

```
{表达式 for 迭代变量 in 可迭代对象 [if 条件表达式]}
```

其中，if条件表达式不是必要的，可以使用，也可以省略。

可以看到，和其他推导式的语法格式相比，字典推导式唯一的不同在于，它用的是花括号“{}”。具体实例如下：

```
>>> word_list = ["hadoop","spark","hdfs"]
>>> word_dict = {key:len(key) for key in word_list}
>>> word_dict
{'hadoop': 6, 'spark': 5, 'hdfs': 4}
```

还可以根据列表生成字典，具体实例如下：

```
>>> name = ["张三", "李四", "王五", "李六"]             # 名字列表
>>> title = ["教授", "副教授", "讲师", "助教"]          # 职称列表
>>> dict1 = {i : j for i, j in zip(name, title)}  # 字典推导式
>>> dict1
{'张三': '教授', '李四': '副教授', '王五': '讲师', '李六': '助教'}
```

下面给出一个实例，交换现有字典中各键值对的键和值：

```
>>> olddict = {"hadoop": 6, "spark": 5, "hdfs": 4}
>>> newdict = {v: k for k, v in olddict.items()}
```

```
>>> newdict
{6: 'hadoop', 5: 'spark', 4: 'hdfs'}
```

还可以在上面实例的基础上，使用if条件表达式筛选符合条件的键值对：

```
>>> olddict = {"hadoop": 6, "spark": 5, "hdfs": 4}
>>> newdict = {v: k for k, v in olddict.items() if v>5}
>>> newdict
{6: 'hadoop'}
```

4.4 集合

集合是由无序的不重复元素组成的序列。集合中的元素必须是不可变类型的。在形式上，集合的所有元素都放在一对花括号“{}”中，两个相邻的元素之间使用英文逗号分隔。

4.4.1 集合的创建与删除

可以直接使用花括号“{}”创建集合，实例如下：

```
>>> dayset = {'Monday', 'Tuesday', 'Wednesday', 'Thursday', 'Friday',
'Saturday', 'Sunday'}
>>> dayset
{'Tuesday', 'Monday', 'Wednesday', 'Saturday', 'Thursday', 'Sunday', 'Friday'}
```

在创建集合时，如果存在重复元素，Python会自动保留一个。具体实例如下：

```
>>> numset = {2,5,7,8,5,9}
>>> numset
{2, 5, 7, 8, 9}
```

与列表推导式类似，集合也支持集合推导式，实例如下：

```
>>> squared = {x**2 for x in [1, 2, 3]}
>>> squared
{1, 4, 9}
```

也可以使用set()函数将列表、元组、range对象等其他可迭代对象转换为集合，语法格式如下：

```
setname = set(iteration)
```

其中，setname表示集合名称，iteration表示列表、元组、range对象等可迭代对象，也可以是字符串。如果是字符串，返回的是包含全部不重复字符的集合。具体实例如下：

```
>>> set1 = set([1,2,3,4,5])          # 将列表转换为集合
>>> set1
{1, 2, 3, 4, 5}
>>> set2 = set((2,4,6,8,10))         # 将元组转换为集合
```

```
>>> set2
{2, 4, 6, 8, 10}
>>> set3 = set(range(1,5))              # 将range对象转换为集合
>>> set3
{1, 2, 3, 4}
>>> set4 = set("自强不息，止于至善")     # 将字符串转换为集合
>>> set4
{'于', '息', '善', '强', '至', '不', '止', '自', '，'}
```

需要注意的是，创建一个空集合必须用set()而不是{}，因为{}是用来创建一个空字典的，实例如下：

```
>>> empty_set = set()
>>> empty_set
set()
```

当不再使用某个集合时，可以使用del命令删除整个集合，具体实例如下：

```
>>> numset = {1,2,3,4,5}
>>> del numset
```

4.4.2 集合元素的添加与删除

可以使用add()方法向集合中添加元素，被添加的元素只能是字符串、数字及布尔型的True或者False等，不能是列表、元组等可迭代对象。如果被添加的元素已经在集合中存在，则不进行任何操作，实例如下：

```
>>> bookset = {"hadoop","spark"}
>>> bookset
{'spark', 'hadoop'}
>>> bookset.add("flink")
>>> bookset
{'flink', 'spark', 'hadoop'}
>>> bookset.add("spark")
>>> bookset
{'flink', 'spark', 'hadoop'}
```

可以使用pop()、remove()方法删除集合中的一个元素，使用clear()方法清空集合中的所有元素，实例如下：

```
>>> numset = {1,2,3,4,5}
>>> numset.pop()
1
>>> numset
{2, 3, 4, 5}
>>> numset.remove(4)
```

```
>>> numset
{2, 3, 5}
>>> numset.clear()
>>> numset
set()
```

4.4.3 集合的并集、交集与差集操作

集合有并集、交集、差集等操作。并集是指把两个集合中的元素合并在一起，并且去除重复的元素。交集是指取出两个集合中相同的元素。对于集合A和B，集合A中的某些元素在集合B中有重复时，去掉重复元素后，集合A中剩余的元素就是集合A与B的差集。

Python集合支持常见的集合操作，包括并集、交集、差集等。具体实例如下：

```
>>> a = set('abc')
>>> b = set('cdef')
>>> a | b                  # 并集
{'e', 'f', 'c', 'b', 'd', 'a'}
>>> a & b                  # 交集
{'c'}
>>> a - b                  # 差集
{'b', 'a'}
>>> a.intersection(b)   # 交集
{'c'}
>>> a.difference(b)       # 差集
{'b', 'a'}
```

4.5 字符串

在计算机的实际应用中，字符串的应用非常广泛，只要是涉及源代码的内容，都与字符串有关。而且，HTML的本质依旧是字符串。在密码学中，加密的原文一般来说也是字符串。在各种多语言应用程序中，每种语言的翻译结果也是字符串。所以学习和掌握字符串的常用操作方法是学习数据分析的关键。

本节首先介绍字符串的基本概念，然后介绍字符串的索引和切片、字符串的拼接、特殊字符和字符转义、原始字符串和格式化字符串、字符串的编码，最后介绍字符串的常用操作。

4.5.1 字符串的基本概念

字符串是Python的六大数据类型（数字、字符串、列表、元组、字典和集合）之一。字符串是常用的数据类型，print()函数的第一个参数就是一个字符串。字符串属于不可变类型，即声明之后，其中的所有字符都不能再被修改。

字符串的声明非常简单，将一串字符使用单引号或者双引号包裹起来就可以了。在Python中，无论使用哪种引号，包裹的都是字符串，但需要注意的是，引号必须配对使用，比如，不能以双引号开始、单引号结束。下面是字符串的一些实例：

```
>>> aString = 'Hello World'
>>> bString = "I'm a String"
>>> cString = '<div class="my"></div>'
>>> dString = "这是一个错误的示例，不能以双引号开始，单引号结束'
SyntaxError: EOL while scanning string literal
```

被引号包裹的内容称为“字符串字面量”，在有具体语境的情况下，也可以直接将其称为“字面量”或者“字面值”。比如，上面的aString的字面量就是Hello World。字面量与包裹用的引号合在一起才是字符串。比如，aString的字符串是'Hello World'（包含引号）。当然，在书写时，不用管声明用的是单引号还是双引号，只要保证配对使用引号就可以，但是，在字符串中间的引号不需要配对使用。

可以看到，上述实例中，选用的字符串都只有一行。而在实际操作中，经常需要编写多行字符串。比如，一段Python的源代码就是一个多行字符串。在Python中，可以使用三引号来表示一个多行字符串，这种表达法称为“长字符串”。具体实例如下：

```
>>> aString = '''\
#-*- coding:utf-8 -*-
x = 1;
y = 1;
print(x + y);
'''
>>> print(aString)
#-*- coding:utf-8 -*-
x = 1;
y = 1;
print(x + y);
```

在这里，三引号同样需要配对使用。实际上，多行注释的本质就是一个没有被赋值给变量的多行字符串，因为它没有被赋值给变量，所以解释器在解释的时候就将其直接跳过，也就达到了多行注释的目的。

从上面的实例中还可以看到，第一行结尾有一个“\”。这个符号是一个转义符，意味着本行结尾的换行符不计入输出。如果不加这个符号，输出效果如下：

```
>>> aString = '''
#-*- coding:utf-8 -*-
x = 1;
y = 1;
print(x + y);
'''
>>> print(aString)
# 注意，这里会输出一个空行
#-*- coding:utf-8 -*-
x = 1;
y = 1;
```

```
print(x + y);
```

上面的print(aString)的输出结果中多出了一个空行。所以，当一个多行字符串的一行结束时，如果不希望在输出时将换行符也输出，就需要在行尾增加一个“\”。在实际使用中，这种写法可以让输出更加美观。比如，下面的写法就不是很美观：

```
>>> aString = '''#-*- coding:utf-8 -*-
x = 1;
y = 1;
print(x + y);
'''
```

所以，适当地使用“\”可以让输出更加美观。

4.5.2 字符串的索引和切片

1．字符串的索引

字符串的本质是字符的组合，在一个字符串中，每一个组成部分都称为一个字符。图4-3给出了一个包含5个字符的字符串，其中，每个字符所在的位置称为“字符的偏移量”，通过偏移量来查询字符串中指定位置字符的方法称为“索引查询”。当然，在实际操作过程中，说“偏移量为2的字符是一个感叹号”会显得很奇怪，所以一般直接说“索引值为2的字符是一个感叹号”。也就是说，在实际的使用环境下，“索引值”指的就是偏移量。

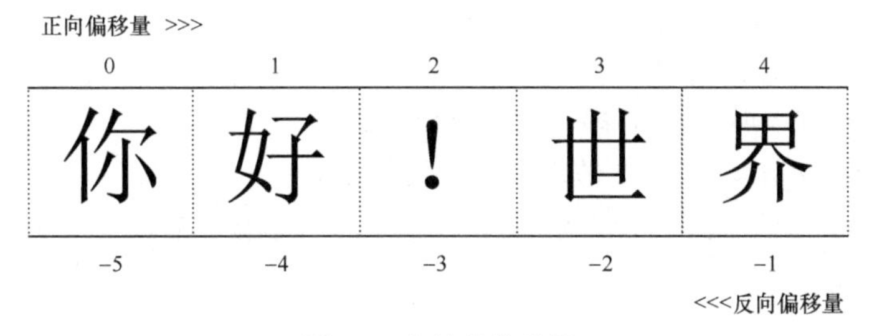

图4-3　字符的偏移量

字符串的索引可以分为两种：正向索引和反向索引。其中，正向索引指的是符合阅读习惯的索引，比如，我们平时阅读中文时，习惯按照从左至右的顺序阅读。换句话说，正向索引的开始点是字符串的左边第一个字符，其索引值是0，之后每个字符的索引值依次增加1。也就是说，正向索引中所有的索引值都是正数或0。

反向索引则是反其道而行之，按照从右至左的顺序编号。由于索引值0已经被正向索引使用，为了不产生歧义，反向索引的索引值从–1开始，从右至左依次减1。也就是说，反向索引所有的索引值都是负数。

在字符串中，使用索引运算符“[]”来查询指定索引值对应的字符，具体实例如下：

```
>>> aString = "你好！世界"
>>> aString[3]
'世'
>>> aString[-4]
```

```
'好'
>>> aString[-0]
'你'
```

在使用索引时，需要特别注意以下两点。

（1）在数学上，-0、+0和0都指的是同一个数字0，所以，哪怕使用的索引值是-0，所代表的也是正向索引的第一个字符。反向索引的第一个字符的索引值是-1。

（2）索引的结果是一个只读的值。与C、Java、C#等语言相比，Python因为基础数据类型里没有字符型，所以不能通过改变索引值对应的字符的方法修改字符串，否则会报错。下面是一个具体实例：

```
>>> aString = "你好！世界"
>>> aString[2] = '2'
Traceback (most recent call last):
File "<pyshell#25>", line 1, in <module>
   aString[2] = '2'
TypeError: 'str' object does not support item assignment
```

在Python中，修改字符串都是通过字符串拼接的方法实现的。比如，在上面这个实例中，代码试图修改字符串的第3个字符，那么就需要取出第1个和第2个字符，再取出第4个和第5个字符，然后将这些字符与修改后的字符进行拼接，再将拼接好的字符串赋值给原来的变量，以达到修改字符串的效果。总体而言，当需要修改字符串中索引值为n的字符时，基本步骤如下。

（1）求出字符串的长度m。

（2）如果$m<n$，那么返回失败。

（3）取出索引值为0 ~ n–1的字符串，记为leftString。

（4）取出索引值为n+1 ~ m–1的字符串，记为rightString。

（5）把leftString、修改后的字符和rightString拼接为一个新的字符串newString。

（6）输出newString。

2．字符串的切片

字符串的切片操作与列表的对应操作类似，不同点在于字符串的切片操作返回的是一个字符串而不是列表。由于其返回值是原字符串的一部分，所以这里也可以将返回值称为原字符串的“子字符串”，或者简称为“子串”。切片操作的基本方法如下。

（1）返回[m,n]的子串，可以使用aString[m:n]这种写法。这里的m必须小于n，同时，返回的值包含m而不包含n。比如，原字符串aString="string"，aString[1:3]的值为"tr"，也就是"string"中索引值1和2对应的字符串。m和n也可以是负数，但是需要注意负数的大小关系，不能写成aString[–1:–3]，第一个参数值必须小于第二个参数值，正确的写法是aString[–3:–1]。同样，这种情况下的返回值是不包括–1所代表的字符的。

如果使用了错误的索引值，那么系统将返回一个空字符串，而不会提示一个错误或者异常，所以这是一个无论任何时候都可以安全使用的方法。具体实例如下：

```
>>> aString = "string"
>>> aString[1:3]
```

```
'tr'
>>> aString[-3:-1]
'in'
>>> aString[-1:-3]
''
```

（2）如果*m*和*n*分别指的是字符串的开头和结尾，就可以不写。比如，查询从第2个字符开始到字符串结尾的子串，就可以写成aString[1:]。再比如，反向查询从字符串开头到倒数第二个字符的子串，就可以写成aString[:-2]。特别指出，如果*m*和*n*都不写，就代表着字符串从头取到尾，这是一个特别的子串，也就是字符串本身，其写法是aString[:]。具体实例如下：

```
>>> aString = "string"
>>> aString[1:]
'tring'
>>> aString[:-2]
'stri'
>>> aString[:]
'string'
```

（3）切片的第三种写法是aString[*m*::*n*]，用于从字符串中索引值为*m*的字符（即第*m*+1个字符）开始，每*n*个字符取一次的情况。假设原字符串aString="string"，下面对*n*为正、*n*为负、不写*n*以及不写*m*与*n*这4种情况分别进行说明。

① 如果*n*为正，则查询方向为正向索引的方向。例如，aString[1::2]表示的是从索引值为1的字符（即第2个字符）开始，向右每2个字符取一次，也就是取索引值为1、3、5的字符组成的字符串"tig"；aString[-5::2]表示的是从索引值为-5的字符开始，向右每2个字符取一次，也就是取索引值为-5、-3、-1的字符组成的字符串，也为"tig"。特别指出，*m*不写则代表从索引值为0的字符开始查询。

② 如果*n*为负，则查询的方向为反向索引的方向。例如，aString[5::-2]表示的是从索引值为5的字符（即第6个字符）开始，向左每2个字符取一次，也就是取索引值为5、3、1的字符组成的字符串"git"；aString[-1::-2]表示的是从索引值为-1的字符开始，向左每2个字符取一次，也就是取索引值为-1、-3、-5的字符组成的字符串，也为"git"。特别指出，*m*不写则代表从索引值为-1的字符开始查询。

③ 如果不写*n*，则视为aString[m::1]。例如，aString[3::]的值为"ing"，aString[-3::]的值也为"ing"，它们分别从索引值为3和-3的字符开始，以正向索引的方向取每个字符直至字符串结尾。

④ 如果不写*m*与*n*，则视为aString[0::1]，即从字符串的开头开始取每一个字符，显然结果就是字符串本身。特别指出，如果*n*为0，则系统会返回一个错误。

由此可以发现，aString[m::n]的本质为，从索引值为*m*的字符开始，取出索引值为*m*、*m*+*n*、*m*+2*n*+…+*m*+*kn*的字符组成的字符串。这里*k*指的是在字符串边界里可以取到的最大正整数。所以，在这个操作中，*m*称为“起始位置”，*n*称为“步长”。上述所有操作的具体实例如下：

```
>>> aString = "string"
>>> aString[1::2]
'tig'
```

```
>>> aString[-5::2]
'tig'
>>> aString[::2]
'srn'
>>> aString[5::-2]
'git'
>>> aString[-1::-2]
'git'
>>> aString[::-2]
'git'
>>> aString[::0]
Traceback (most recent call last):
  File "<pyshell#44>", line 1, in <module>
    aString[::0]
ValueError: slice step cannot be zero
>>> aString[::]
'string'
```

4.5.3 字符串的拼接

字符串拼接用于将数个短的字符串拼接成一个长的字符串。字符串拼接主要有加号连接、join()函数、format()函数和格式化字符串等方法。其中，format()函数和格式化字符串将会在4.5.5小节中介绍，本小节只介绍加号连接和join()函数这两种方法。

1．加号连接

加号连接是指直接将两个字符串用加号拼接在一起。比如，要拼接字符串“thon”和变量prefix = "py"，可以使用如下方式：

```
>>> prefix = "py"
>>> result = prefix + "thon"
>>> result
'python'
```

在字符串拼接中还有一种场景，那就是重复输出一个字符若干次。比如，要显示一个进度值为40%的滚动条，就需要使用如下方式：

```
>>> bar = "\u2589"
>>> print("4/10:[" + bar * 4 + "--" * 6 + "] = 40%")
4/10:[▉▉▉▉------------] = 40%
```

这里使用乘号表示一个字符出现若干次，"\u2589"表示一个黑色的方块。

2．join()函数

join()函数可以用来将一个列表拼接为一个字符串，该函数是字符串的成员函数，所以使用时需要以一个字符串为对象，指定的字符串将成为拼接的分隔符。比如，要将列表["Hello", "World", "Python"]用逗号拼接，可以采用如下方式：

```
>>> ",".join(["Hello", "World", "Python"])
'Hello,World,Python'
```

4.5.4 特殊字符和字符转义

在字符串的实际使用过程中，存在着一些无法直接显示的字符，如换行符、水平制表符等，这些符号被称为“特殊字符”。此外，如果在双引号包裹的字符串中必须使用双引号，那么这种情况下被包裹的双引号也是一种特殊字符。为了在字符串中表达这些字符，就需要使用字符转义的形式来书写。字符转义的书写形式是“\”加一些特定的字符。在Python中，常用的转义符如表4-1所示。

表 4-1 常用的转义符

转义符	含义
\newline	使用时是反斜杠加换行，实际效果是反斜杠和之后的换行符全部被忽略
\\	反斜杠（\）
\'	单引号（'）
\"	双引号（"）
\n	换行符（LF）
\r	回车符（CR）
\t	水平制表符（TAB）
\ooo	表示一个八进制码位的字符，比如 \141 表示的是字母a
\xhh	表示一个十六进制码位的字符，比如 \x61 表示的是字母a

需要注意的是，标记为“\newline”的转义符并不是写为“\newline”，实际的使用方法如下：

```
>>> sql = """\
SELECT ID, Name, AccessLevel \
FROM [Users] \
WHERE Name=@p1 AND Password=@p2\
"""
>>> sql
'SELECT ID, Name, AccessLevel FROM [Users] WHERE Name=@p1 AND Password=@p2'
```

在这里，每一行结尾的“\”即这个转义符，其实际效果是反斜杠和之后的换行符全部被忽略。

水平制表符（TAB）对应的就是键盘上的“Tab”键，每一个“\t”的实际效果就是按一次键盘上的“Tab”键。在一般的场景中，比如IDLE或者记事本中，每一个“\t”表示的就是将光标后移8个字符。使用水平制表符是为了达到对齐的目的，输出时，在水平制表符前后各加一个“|”字符，就正好是一个10个字符宽的单元格。由于垂直制表符并不常用，所以一般来说，“制表符”就代表水平制表符。具体实例如下：

```
>>> table = "xyz\t5字符\tabc\n123456781234567812345678"
>>> print(table)
```

```
xyz             5字符         abc
123456781234567812345678
```

所有的源代码都可以被视为字符串，Python的源代码也不例外。在运行Python源代码时，解释器会先从文件中将源代码以字符串的形式读入内存，再进行操作。在Python的源代码中，缩进使用的是“空格符”而不是“制表符”。Python的缩进其实是4个空格，并且每个空格都可以单独选中，所以应该是4个“空格符”。

在Python 3.x中，推荐使用“空格符”进行缩进，并且不允许混合使用“制表符”和“空格符”。如果是在Python 2.x中，就需要将混合使用的缩进统一转换为“空格符”。

单引号和双引号的转义符虽然不常用，但也有需要注意的地方。一方面，无论包裹字符串使用的是哪种引号，将引号转义肯定不会错。另一方面，如果包裹使用的引号和字符串中使用的引号不同，那么引号可以不转义。具体实例如下：

```
>>> print("\'")
'
>>> print('\"')
"
>>> print("I'm fine, thank you")
I'm fine, thank you
```

所以，包裹字符串的引号的选择就取决于字符串里到底使用了哪种引号。例如，在输入一篇英文文章时，由于英文经常需要使用单引号表示缩写，如“I'm”或“You're”等，因此包裹用的引号一般是双引号。而在平时写代码的时候，由于输入双引号需要多按一次“Shift”键，因此建议使用单引号定义字符串。

4.5.5 原始字符串和格式化字符串

1．原始字符串

对于某些应用场景，比如输入一个文件的路径，其中会有大量的需要转义的字符“\”，如果对于每一个字符都要输入“\\”就太麻烦了。所以，Python引入了原始字符串的概念。原始字符串就是指在字符串前加先导符“r”（也可以是大写的“R”），之后，字符串里的所有内容都不会被转义。具体实例如下：

```
>>> aString = r"c:\desktop\python\homework.py"
>>> print(aString)
c:\desktop\python\homework.py
>>> aString = "c:\\desktop\\python\\homework.py"
>>> print(aString)
c:\desktop\python\homework.py
```

上面的实例中，首先使用了原始字符串方式，然后使用了转义方式，可以看出，前者更加简单易懂。

2．格式化字符串

在进行字符串拼接时，很多时候并不能直接、简单地将数值与字符串拼接在一起，例如，账单中的数值需要保留两位小数；再如，在显示时，为了美观，需要对齐某些内容。这时，就需要用到一种被称为“格式化字符串”的特殊字符串。具体实例如下（这里使用□表示空格）：

```
>>> aString = "{0:>4}: {1:.2f}".format("价格", 10)
>>> aString
'□□价格: 10.00'
```

在上面这个实例中，格式化字符串指的就是调用format()函数的对象，也就是“{0:>4}: {1:.2f}”。在格式化字符串中，可以看到有一些被花括号“{}”包裹的部分，它们在Python中被称为“格式规格迷你语言”。这种格式规格迷你语言的基本规则如下：

```
{参数编号:格式化规则}
```

参数编号如果写为0，则对应着format()函数的第一个参数，如果写为1，则对应着第二个参数。每个参数可以使用多次。格式化规则的书写方法如下：

```
[对齐方式][符号显示规则][#][0][填充宽度][千分位分隔符][.<小数精度>][显示类型]
```

书写格式化规则时，除非对应部分不出现，否则就必须严格遵循上述顺序，绝对不能修改。比如，“{0:<#05}”绝对不能写成“{0:<5#0}”，必须严格遵循上述顺序，这样“<”代表对齐方式，“#”和“0”都是规则中的对应符号，数字5代表填充宽度，其他使用默认值。

在格式化规则中，对齐方式指的是文本是居中、居左还是居右，空白部分使用什么字符填充。对齐方式的书写规则为[填充文本](>|<|^|=)。比如，如果填充宽度是20格，文本居右显示，空白处填写加号，就要写成：{0:+>20}。这里，“+”是填充文本，“>”指居右，数字20代表着填充宽度。具体实例如下：

```
>>> aString = "{0:+>20}".format("价格", 10)
>>> aString
'++++++++++++++++++价格'
```

在默认情况下，填充文本是空格符，可以不写。

对齐方式里，“<”表示左对齐，“>”表示右对齐，“^”表示居中对齐。在记忆这3个符号时可以把它们全部当成箭头，箭头指向就是对齐方向，这样就比较容易记住。“=”比较特殊，它只能用在数字上，表示填充时把填充文本放在正、负号的右边，专门用来显示如“-000010”这样的文本。在使用这种对齐方式时，一般要书写填充文本0。具体的对比效果如下所示：

```
>>> aString = "{0:=+5}".format(10)
>>> aString
'+□□10'
>>> aString = "{0:0=+5}".format(10)
>>> aString
'+0010'
>>> aString = "{0:>+5}".format(10)
>>> aString
'□□+10'
```

从上面的实例中可以看出，格式化字符串里书写了一个“+”，其对应着格式化规则中的“符号显示规则”。这条规则只适用于数字，对于字符串是不生效的，并且会提示错误。符号显示规则的取值在默认情况下是“-”，即表示只有负数才显示符号，正数不显示符号。符号显示规则取值为“+”时，表示无论正数还是负数都显示符号。符号显示规则为“空格符”时，表示正数在符号位显示一个空格，负数在符号位显示负号。具体实例如下：

```
>>> "{0:<□5}{0:<-5}{0:<+5}{0:<5}".format(10)
'□10□□10□□□+10□□10□□□'
>>> "{0:<5}{0:<-5}{0:<+5}{0:< 5}".format(-10)
'-10□□-10□□-10□□-10□□'
```

在格式化规则中，符号显示规则后面的“#”表示如果以二进制显示数字，则显示前导符“0b”；如果以八进制显示数字，则显示前导符“0o”；如果以十六进制显示数字，则显示前导符“0x”。如果不是上述情况，就没有任何效果。具体实例如下：

```
>>> "{0:<#8b}{0:<#8o}{0:<#8d}{0:<#8x}{0:#8X}".format(10)
'0b1010□□0o12□□□□10□□□□□□0xa□□□□□□□□□□0XA'
```

在格式化规则中，千分位分隔符只有两种取值，即“,”和“_”。具体实例如下：

```
>>> "{0:10,}{0:10_}".format(1000000)
'□1,000,000□1_000_000'
```

在格式化规则中，千分位分隔符之后是小数精度，也就是显示的小数位数，不足的部分会用0补齐。比如常见的保留两位小数，就可以使用这种写法。需要注意的是，在有小数精度时，必须指定这个参数是一个浮点数，否则会报错。具体实例如下：

```
>>> "{0:>010.2f}元整".format(1000000)
'1000000.00元整'
>>> "{0:>010.2}元整".format(1000000)
Traceback (most recent call last):
  File "<pyshell#106>", line 1, in <module>
    "{0:>010.2}元整".format(1000000)
ValueError: Precision not allowed in integer format specifier
```

在格式化规则中，最后一部分是显示类型，指的是数据如何呈现。根据输入数据的类型，可以将显示类型分成3类，即字符串类型、整型和小数类型，表4-2、表4-3和表4-4给出了每种类型的可用形式。

表 4-2 字符串类型的可用形式

类型	含义
's'	参数以字符串的形式显示。这是默认的内容，可以省略
不填写	同's'

表 4-3 整型的可用形式

类型	含义
b	二进制数
c	字符，输出时将其转换为对应的Unicode字符
d	十进制数
o	八进制数
x	十六进制数，9以上的数字用小写字母表示
X	十六进制数，9以上的数字用大写字母表示
n	与d相似，不过它会用当前区域的设置来插入适当的数字分隔符
不填写	同d

表 4-4 小数类型的可用形式

类型	含义
e	科学计数法，小数点前有1位，小数点后的位数取小数精度部分指定的数值。如“{0:.2e}”表示小数点前1位，小数点后2位。如果没有指定小数精度，则浮点型取6位
E	科学计数法，与e相似，不同之处在于它使用大写字母E作为分隔字符
f	正常的小数显示，小数的位数取小数精度部分指定的数值。如果不指定，则浮点型取6位。如果没有小数，则不显示小数和小数点
F	定点显示，与f相似，但会将 nan 转为 NAN 并将 inf 转为 INF
g	显示“小数精度”位有效数字。如果有效数字超出，则改为用科学计数法显示
G	同g，但e、nan、inf会使用大写显示
n	同g，不过它会用当前区域的设置来插入适当的数字分隔符
%	会将数字乘100并且同f显示，之后加一个“%”
不填写	同g

下面是具体实例：

```
>>> "{0:n}".format(555555555)
'555555555'
>>> "{0:.3f}".format(555555555)
'555555555.000'
>>> "{0:.3g}".format(555555555)
'5.56e+08'
>>> "{:c}{:c}".format(20320,22909)
'你好'
```

在使用格式化字符串时，比较麻烦的地方在于每次都要写一个format()函数。Python中提供了更加简单的写法，就是“格式化字符串字面量”，也可以称其为“f-string”。其特点是在字符串前加前导符“f”或“F”。在使用时，仅需将格式规格迷你语言的第一部分换成变量名或者表达式。具体实例如下：

```
>>> price = 10
>>> amount = 5
>>> f"价格：{price * amount:.2f}"
'价格：50.00'
```

4.5.6 字符串的编码

字符串的编码是将字符转换为计算机可以理解和处理的二进制数据的过程。

在计算机中，每个字符都被分配了一个唯一的编码值，这个编码值通常以二进制形式表示。常见的字符编码包括ASCII、UTF-8、UTF-16等。

例如，ASCII使用7位二进制数来表示128个字符，包括字母、数字、一些特殊字符和控制字符。UTF-8则是一种变长编码，可以表示几乎所有的字符，包括中文、日文、韩文等。UTF-16也是一种变长编码，大部分字符以固定长度的字节（2字节）储存，但无法与ASCII兼容。

在编程中，字符串的编码非常重要，因为不同的编码方式可能会导致字符串的显示或处理出现问题。例如，如果在一个使用UTF-8编码的系统中处理使用ASCII编码的字符串，可能会导致乱码或无法正确显示字符。

为了避免这些问题，我们需要在处理字符串时明确指定编码方式，并确保所有相关的系统和库都使用相同的编码。此外，在进行字符串的输入和输出时，也需要注意编码的转换，以确保数据的正确性和一致性。

下面是一个简单的Python代码示例，展示了如何处理字符串编码：

```
>>> # 定义一个字符串
>>> string = "你好，世界！"
>>> # 输出原始字符串
>>> print("原始字符串：", string)
原始字符串：你好，世界!
>>> # 将字符串编码为UTF-8字节序列
>>> encoded_string = string.encode("UTF-8")
>>> # 输出编码后的字节序列
>>> print("UTF-8编码：", encoded_string)
UTF-8编码：b'\xe4\xbd\xa0\xe5\xa5\xbd\xef\xbc\x8c\xe4\xb8\x96\xe7\x95\x8c\xef\xbc\x81'
>>> # 将UTF-8编码的字节序列解码为字符串
>>> decoded_string = encoded_string.decode("UTF-8")
>>> # 输出解码后的字符串
>>> print("UTF-8解码：", decoded_string)
UTF-8解码：你好，世界!
```

在这个示例中，首先定义了一个包含中文字符的字符串"你好，世界！"。然后，使用encode()方法将字符串编码为UTF-8字节序列，并将其存储在encoded_string变量中。最后，使用decode()方法将编码后的字节序列解码为字符串，并将其存储在decoded_string变量中。

4.5.7 字符串的常用操作

字符串的常用操作可以分为两种，即类型转换函数和字符串操作函数。在开发过程中经常用到的函数如下。

（1）类型转换函数int()、float()、complex()、tuple()、list()、chr()、ord()、hex()和oct()。根据函数名就可以判断出函数的作用，比如，int("100")就是将字符串"100"转换为数字100。具体实例如下：

```
>>> int("100")
100
>>> list("I'm fine, thank you")
['I', "'", 'm', ' ', 'f', 'i', 'n', 'e', ',', ' ', 't', 'h', 'a', 'n', 'k',
' ', 'y', 'o', 'u']
```

（2）表达式转换函数eval()。比如，eval("10+20+30")输出数字60。具体实例如下：

```
>>> price = 50
>>> amount = 12
>>> eval("price * amount")
600
```

eval()函数非常有用，需要说明的是，该函数的参数是一个表达式，也就是说参数中可以有变量。

（3）长度计算函数len()。比如，len("123")输出数字3。这个函数同样也是字符串的常用函数，在进行词法分析时经常会用到。具体实例如下：

```
>>> len("price * amount")
14
```

（4）大小写转换函数lower()和upper()。这两个函数非常简单，作用就是把字符串里的英文字母转换为对应的大写字母或者小写字母，对非英文字母不起作用。在实际使用过程中，凡是对英文字母大小写不敏感的场合都需要使用本函数。比如，用户输入验证码时，大写小写都可以通过；使用十六进制数时，9以上的数字使用字母表示，大小写也是一样的。具体实例如下：

```
>>> print("my python lesson".upper())
MY PYTHON LESSON
>>> print("My 1st Python Lesson".lower())
my 1st python lesson
```

（5）查询函数find()。在字符串的使用过程中，查询函数是最常用的函数之一。比如，在商品搜索过程中，用户输入了关键词，那就需要在数据库里搜索每个商品名中是否包含这个关键词。查询函数find()的使用方法如下：

```
>>> "It's python".find("yt")
6
>>> "It's python".find("C")
-1
```

```
>>> "It's python".find("yt", 2, 5)
-1
```

该函数的第一个参数代表待查询的字符串。比如，要查询“Python课程”中是否包含“课程”二字，那么第一个参数就要写成"课程"。第二个参数代表查询的开始位置，默认为0。第三个参数是查询的结束位置，默认为字符串的总长。执行查询，如果包含，则返回第一个字符在字符串中的位置，如果不包含，则返回-1。

（6）字符串分解函数split()。该函数也是在开发过程中极其常用的函数。在实际使用过程中，如果用户输入了一串被精心设计过的字符串，那么往往需要使用本函数对其进行分解。比如，邮箱地址的格式是“用户名@域名”，可以使用split()函数将其分解。具体实例如下：

```
>>> print("email_address@domain".split("@"))
['email_address', 'domain']
```

在使用split()函数的过程中，需要注意一下它的参数。该函数有两个参数，第一个参数表示分隔符，例如，上面的实例中的分隔符就是“@”，当然，在实际使用过程中，分隔符也可能是其他字符。第二个参数表示分解次数，比如，字符串"Python#C#C++#Java#C#"是由5门语言组成的，也就是Python、C、C++、Java和C#。但是，如果用“#”来分隔它们，就会出现如下所示的结果：

```
>>> print("Python#C#C++#Java#C#".split("#"))
['Python', 'C', 'C++', 'Java', 'C', '']
```

可以看到，系统将最后的“C#”中的“#”也视为分隔符。在正常使用过程中，如果预知待分隔字符串中包含分隔符，则应当更换分隔符。不过也可以使用split()函数的第二个参数来解决这个问题，具体实例如下：

```
>>> print("Python#C#C++#Java#C#".split("#", 4))
['Python', 'C', 'C++', 'Java', 'C#']
```

这里的第二个参数的实际含义是处理前多少个分隔符，将其设置为4就是处理前4个分隔符，也就是字符串会被分成5段。将其设置为n就是处理前n个分隔符，字符串会被分成n+1段。

（7）字符串替换函数replace()。Python的字符串替换函数replace()用于将字符串中的某个子串替换为另一个子串。这个函数的原型是replace(old, new[, count])，其中，old表示需要被替换的子串；new表示用于替换old的新子串；count可选，表示替换操作的次数，如果指定了这个参数，那么替换只会在old前count次出现的时候进行。

```
>>> # 替换所有出现的子串
>>> s = "Hello, world! world is beautiful."
>>> new_s = s.replace("world", "Python")
>>> print(new_s)
Hello, Python! Python is beautiful.
>>> # 只替换前n次出现的子串
>>> s = "apple, apple, apple pie"
>>> new_s = s.replace("apple", "orange", 2)
>>> print(new_s)
```

```
orange, orange, apple pie
>>> # 如果old不在字符串中，则返回原字符串
>>> s = "banana"
>>> new_s = s.replace("apple", "orange")
>>> print(new_s)
banana
```

（8）判定字符串的开始和结束的函数startswith()和endswith()。startswith()和endswith()分别用于检查字符串是否以指定的前缀开始和以指定的后缀结束，这两个函数对于快速进行字符串的比较非常有用。startswith()函数的原型是startswith(prefix[, start[, end]])，其中，prefix表示要检查的前缀，start和end可选，表示在字符串中开始和结束检查的索引。如果被检查的字符串以指定的前缀开始，则函数返回True；否则返回False。

```
>>> s = "Hello, world!"
>>> # 检查字符串是否以"Hello"开始
>>> print(s.startswith("Hello"))
True
>>> # 检查字符串是否以"world"开始
>>> print(s.startswith("world"))
False
>>> # 检查从索引7开始的子串是否以"world"开始
>>> print(s.startswith("world", 7))
True
```

endswith()函数的原型是endswith(suffix[, start[, end]])，其中，suffix表示要检查的后缀，start和end可选，表示在字符串中开始和结束检查的索引。如果被检查的字符串以指定的后缀结束，则函数返回True；否则返回 False。

```
>>> s = "Hello, world!"
>>> # 检查字符串是否以"world!"结束
>>> print(s.endswith("world!"))
True
>>> # 检查字符串是否以"Hello"结束
>>> print(s.endswith("Hello"))
False
>>> # 检查索引为0～10的子串是否以"world"结束
>>> print(s.endswith("world", 0, 10))
False
```

（9）删除空白字符的函数strip()、rstrip()和lstrip()。strip()、rstrip()和lstrip()分别用来删除字符串两侧、右侧和左侧的空白字符。strip()函数的原型是strip([chars])，chars可选，是一个字符串，用来指定需要被删除的字符集，如果不提供chars，则默认删除空白字符（包括空格、换行符、制表符等），执行该函数后返回一个新字符串，其开头和结尾的指定字符被删除。rstrip()和lstrip()函数的用法和strip()函数的类似。

```
>>> s = "   Hello, world!   "
>>> # 删除字符串两侧的空白字符
>>> new_s = s.strip()
>>> print(new_s)
Hello, world!
>>> # 删除字符串两侧的指定字符，比如'*'
>>> s = "***Hello, world!***"
>>> new_s = s.strip('*')
>>> print(new_s)
Hello, world!
>>> s = "Hello, world!   "
>>> # 删除字符串右侧的空白字符
>>> new_s = s.rstrip()
>>> print(new_s)
Hello, world!
>>> s = "   Hello, world!"
>>> # 删除字符串左侧的空白字符
>>> new_s = s.lstrip()
>>> print(new_s)
Hello, world!
```

（10）判断函数isalum()、isalpha()、isdigit()、isspace()、isupper以及islower()分别用来测试字符串是否为数字或字母、是否为字母、是否为数字字符、是否为空白字符、是否为大写字母以及是否为小写字母。

```
>>> '123abc'.isalnum()
True
>>> '123abc'.isalpha()
False
>>> '123abc'.isdigit()
False
>>> 'abc'.isalpha()
True
>>> '123.0'.isdigit()
False
>>> '123'.isdigit()
True
>>> '123'.isspace()
False
>>> 'CHINA'.isupper()
True
>>> 'xiamen'.islower()
True
```

4.6 本章小结

在学习编程语言时，必须掌握基本的数据结构。对于Python而言，其最基本的数据结构就是序列。Python的序列包括5种类型，即列表、元组、字典、集合和字符串，在实际应用开发中，我们可以根据需要进行选择。序列类型有一些通用的方法，如切片、索引等，还有一些很实用的内置函数，如计算序列长度、求最值等函数。掌握了基本的数据结构以后，就可以对不同类型的数据进行合理的组织，并在此基础上对数据进行各种操作，实现具体的逻辑功能。

4.7 习题

（1）令list = [1,2,3]，则分别执行命令del list[1]和list.remove(1)后的list为（　）。

A．[1,3]，[1,3]　B．[1,3]，[2,3]　C．[2,3]，[1,3]　D．[2,3]，[2,3]

（2）令list = [1,2,3,4,5]，则print(list[::2])的结果为（　）。

A．[1,2]　B．[1,3,5]　C．3　D．[3]

（3）令list = [i for i in range(1,10,2)]，则print(list[::-1])的结果为（　）。

A．[9,7,5,3,1]　B．[1]　C．[1,3,5,7,9]　D．[9]

（4）令tuple1 = (x for x in range(1,5))，则经过命令print(tuple1.__next__())后，tuple1生成器内的元素为（　）。

A．(1,2,3,4)　B．(1,2,3,4,5)　C．(2,3,4,5)　D．(2,3,4)

（5）令nums = [1,2]，chars = ['a', 'b']，则print(dict(zip(nums,chars)))的结果为（　）。

A．{1: 'a',2: 'b'}　B.{1:['a', 'b'],2:['a', 'b']}

C．{1: 'b',2: 'a'}　D.{ 'a':1, 'b':2}

（6）令dict1 = {1:2,2:3,3:4}，dict2 = {v:u for u,v in dict1.items() if v>=3}，则print(dict2)的结果为（　）。

A．{2:3,3:4}　B．{3:2,4:3}　C．{3:4}　D．{4:3}

（7）令dict1 = {'1':'one', '0': 'zero'}，则dict1.get(0, "not found")的返回结果为（　）。

A．'one'　B．'zero'　C．None　D．'not found'

（8）令dict1 = {'语文':88, '数学':95, '英语':–2 }，则下列哪条命令能删除英语成绩？（　）

A．del dict1[2]　B．del dict1[3]

C．del dict1[英语]　D．del dict1['英语']

（9）令set1 = {0,1,1,2,2,(3,4,4,5,5)}，则print(len(set1))的结果为（　）。

A．10　B．6　C．5　D．4

（10）令set1 = set('aabbc')，set2 = set('bcdd')，则print(set1|set2)的结果为（　）。

A．{ 'aabbc', 'bcdd'}　B．{'abcd'}　C．{'aabbcdd'}

D．{ 'a', 'a', 'b', 'b', 'c', 'b', 'c', 'd', 'd'}　E．{ 'd', 'b', 'c', 'a'}

（11）在字符串"pYthOn"中，索引为–3的字符是什么？（　）

A．p　B．t　C．H　D．h

（12）对字符串"python"切片时，以下哪种写法会返回空字符串？（　）

A．stri[1:2]　B．stri[:–5]　C．stri[–2:–3]　D．stri[–4:]

（13）在以下格式化字符串中，哪种写法不能用来格式化整数10？（　）

A．{:#.2}　　B．{:< 5}　　C．{:#8X}　　D．{:<5}

（14）有一个列表a_list=['www','xmu','edu']，如果要得到一个字符串'www.xmu.edu.cn'并将其输出，可以使用以下哪条语句？（　）

A．print(".".join(a_list))　　B．print("_".join(a_list))

C．print(join(a_list,','))　　D．print(join(a_list,'_'))

（15）有一个字符串string = "Hadoop is good"，现在需要将字符串里的Hadoop替换成hadoop，可以使用以下哪条语句来实现？（　）

A．'Hadoop'.replace('hadoop',string)　　B．'hadoop'.replace('Hadoop',string)

C．'Hadoop'.replace(string,'hadoop')　　D．string.replace('Hadoop', 'hadoop')

（16）给定一个字符串a，需要以逆序的方式输出a，可以使用以下哪条语句来实现？（　）

A．a[−1::]　　B．a[:−1:]　　C．a[::−1]　　D．a[−1:−1:]

（17）以下哪条语句的输出结果是'□□□□□+3.14'？（备注：□表示空格）（　）

A．'%+10.2f' % 3.14　　B．'%−10.2f' % 3.14

C．'%10.2f' % 3.14　　D．'%*10.2f' % 3.14

实验2　序列的使用方法初级实践

一、实验目的

（1）掌握列表、元组、字典、集合、字符串的使用方法。

（2）掌握使用列表、元组、字典、集合、字符串解决实际问题的方法。

二、实验平台

（1）操作系统：Windows 7及以上。

（2）Python版本：3.12.2版本。

三、实验内容

（一）操作部分

1．列表操作

（1）创建一个列表，将其命名为names，往该列表里添加元素'Xiaoming'、'Panpan'、'Dongdong'。

（2）在names列表中'Dongdong'前面插入一个新元素'Yueyue'。

（3）把names列表中'Dongdong'的名字改成中文。

（4）在names列表中'Panpan'的后面插入一个子列表['Mingming','Xiaoyun']。

（5）返回names列表中'Panpan'的索引值。

（6）创建新列表[1,2,3,4,5]，将其合并到names列表中。

（7）取出names列表中索引值为3～6的元素。

（8）取出names列表中索引值为2～8的元素，步长设置为2。

（9）取出names列表中最后4个元素。

（10）遍历names列表，输出每个元素的索引值和元素。

（11）遍历names列表，输出每个元素的索引值和元素，当索引值为偶数时，把对应的元素改成−1。

2．元组操作

（1）创建名为grades的元组，其中包含10个数值(87,100,96,77,69,83,91,77,63,85)。

（2）输出grades元组中第2个元素的值。

（3）输出grades元组中第1 ~ 5个元素的值。

（4）调用count()函数，查询值77在grades元组中出现了几次。

（5）调用index()函数，查询grades元组中成绩是100分的学生的索引值。

（6）调用len()函数获得grades元组的元素个数。

（7）调用list()函数将grades元组转换为列表list_grades。

（8）调用tuple()函数将列表list_grades转换为元组tup_grades。

（9）新建一个元组grades_other=(34,67)，合并grades和grades_other这两个元组。

3．字典操作

有一个字典dict = {'k1':'v1','k2':'v2','k3':'v3'}，请完成以下操作。

（1）循环遍历出字典dict中所有的键。

（2）循环遍历出字典dict中所有的值。

（3）循环遍历出字典dict中所有的键值对。

（4）在字典dict中添加一个键值对'k4':'v4'，输出添加该键值对后的字典。

（5）删除字典dict中的键值对'k1': 'v1'，并输出删除该键值对后的字典。

（6）删除字典中键'k5'对应的键值对，如果字典中不存在键'k5'，则不报错，并返回None。

（7）获取字典中键'k2'对应的值。

（8）获取字典中键'k6'对应的值，如果不存在，则不报错，并返回None。

4．列表和字典的组合嵌套操作

有一个列表a_list = [['n',['abc',30,{'k1':['bb',5,'1']},67],'mn']]，请完成以下操作。

（1）把列表中小写的'bb'变成大写的'BB'。

（2）把列表中的字符串'1'变成数字100。

5．集合操作

在一所高校中，属于学院领导的人员包括张老师、王老师、程老师，属于教授的人员包括张老师、王老师、刘老师和马老师。用集合的特性来求解以下问题。

（1）有哪些人员既是学院领导也是教授？

（2）有哪些人员是教授但不是学院领导？

（3）有哪些人员是学院领导但不是教授？

（4）刘老师是学院领导吗？

（5）身担一职的人有谁？

（6）学院领导和教授共有几人？

6．字符串操作

（1）给定一个字符串s = "Hello, World!"，请使用切片操作提取出"World"。

（2）给定一个字符串s = "abcdefg"，请使用切片操作反转字符串。

（3）给定一个字符串s = "0123456789"，请使用切片操作提取出"2468"。

（4）给定一个字符串s = "Python is fun"，请使用切片操作提取出第一个单词"Python"。

（5）给定一个字符串s = "abcdefgh"，请使用切片操作将字符串拆分为两个长度为3的子字符串，即"abc"和"def"。

（二）编程部分

（1）设计3个字典dict_a、dict_b和dict_c，每个字典中存储一个学生的信息，包括name和id，然后把这3个字典存储到一个列表student中，遍历这个列表，输出其中每个人的所有信息。

（2）使用列表编写一个程序，实现当用户输入一个月份后，程序输出该月份对应的英文单词。

（3）有一个列表nums = [3, 6, 10, 14, 2, 7]，请编写一个程序，找到列表中任意相加等于9的元素集合，如[(3, 6), (2, 7)]。

（4）请使用字典编写一个程序，让用户输入一个英文句子，然后统计每个单词出现的次数。

（5）创建一个名为universities的字典，将3所大学的名字作为键。对于每所大学，都创建一个字典，设置两个键province和type，分别用于保存每所大学的省份和类型。最后对universities字典进行遍历，输出每所大学及其省份和类型信息。

（6）通过for循环创建201条数据，数据格式如下。

xiaoming1　xiaoming1@china.com　pwd1

xiaoming2　xiaoming2@china.com　pwd2

xiaoming3　xiaoming3@china.com　pwd3

提示用户输入页码，当用户输入指定页码时，显示对应页面内的数据（每页显示10条数据）。

（7）设计一个程序为参加歌手大赛的选手计算最终得分。评委给出的分数是0～10分。选手最后得分为：去掉一个最高分，去掉一个最低分，计算其余评委打分的平均值。

（8）设计一个敏感词过滤程序，如果用户输入了敏感词，就将其替换为“***”。

（9）制作表格，循环提示用户输入学生的姓名和分数，如果用户输入q或Q则退出输入，并将用户输入的内容以表格的形式输出。

（10）回文串是指字符串无论从左读还是从右读，都是相同的。请编写一个程序，提示用户输入一个字符串，然后判断该字符串是否是回文串。

（11）输入两个字符串，从第一个字符串中删除与第二个字符串中相同的所有字符。例如，输入的两个字符串分别是"abcdea"和"ab"，输出的结果是"cde"。

（12）有一个字符串"Xiamen University"，请编写程序找到字母“U”在字符串中的索引。

（13）编写程序，测试两个字符串包含的字符是否完全相同（字符相同，并且字符出现的次数也必须相同）。

（14）实现一个整数加法计数器，要求能够根据用户的输入计算出结果，用户的输入格式类似“3+2”的形式。

（15）输入用户名，判断用户名是否合法（用户名必须包含且只能包含数字和字母，并且第一个字符必须是大写字母）。例如，'abc'、'123'、'abc123'都是不合法用户名，而'Abc123def'是合法用户名。

（16）输入一个字符串，将字符串中所有的小写字母变成对应的大写字母输出（用upper()方法和自己写的算法两种方式实现）。例如，输入'Abc123def456'，输出'ABC123DEF456'。

（17）获取两个字符串中共有的字符。例如，字符串1为'abc123'，字符串2为'mna3'，输出共有的字符为'a3'。

四、实验报告

<table>
<tr><td colspan="6">“Python程序设计基础”课程实验报告</td></tr>
<tr><td>题目：</td><td></td><td>姓名：</td><td></td><td>日期：</td><td></td></tr>
<tr><td colspan="6">实验环境：</td></tr>
<tr><td colspan="6">实验内容与完成情况：</td></tr>
<tr><td colspan="6">出现的问题：</td></tr>
<tr><td colspan="6">解决方案（列出出现的问题和解决方案，列出没有解决的问题）：</td></tr>
</table>

第 5 章

函数

函数是可以重复使用的用于实现某种功能的代码块。与其他语言类似，在Python中，函数的优点也是提高程序的模块性和代码的复用性。Python有很多内置函数，如print()；此外，Pandas、NumPy、Matplotlib、scikit-learn等第三方类库都提供了很多可供调用的函数；当然，我们也可以自己定义函数，其被称作“用户自定义函数”。

本章首先介绍Python中的两种函数，即普通函数和匿名函数，然后介绍参数传递的方法和参数的类型，最后介绍Python的内置函数。

5.1 普通函数

普通函数一般包含函数名（必需）、参数列表、变量、代码块（必需）、return等部分。

5.1.1 基本定义及调用

定义函数的语法如下：

```
def 函数名(参数列表):
    函数体
```

定义函数需要遵循以下规则。

（1）函数代码块从形式上包含函数名部分和函数体部分。

（2）函数名部分以关键字def开头，后接函数标识符名称和圆括号“()”，以冒号“:”结尾。

（3）圆括号内可以定义参数列表（可以为0个、1个或多个参数），即使参数个数为0，圆括号也必须保留；不需要为函数形参声明类型。

（4）函数的第一行语句可以选择性地使用文档字符串，存放函数说明。

（5）函数体部分的内容需要缩进。

（6）使用“return [表达式] ”结束函数，选择性地返回一个值给调用方，不带表达式的 return语句相当于返回None。

函数定义完成之后就可以被调用了。函数可通过被另一个函数调用而执行，也可以直接通过Python命令提示符执行。

在下面的代码中，我们先定义一个hello()函数，没有带参数，然后调用它：

```
>>> def hello():
        print(“Hello Python”)
>>> hello()
Hello Python
```

例5-1为带有一个参数的函数的实例，通过该例我们可以发现，对已经定义的函数可以多次调用，这样就提高了代码的复用性。

例5-1 定义带有一个参数的函数。

```
# i_like.py
# 定义带有一个参数的函数
def like(language):
    '''输出喜欢的编程语言！'''
```

```
    print("我喜欢{}语言! ".format(language))
    return
# 调用函数
like("C")
like("C#")
like("Python")
```

上面代码的执行结果如下：

```
我喜欢C语言!
我喜欢C#语言!
我喜欢Python语言!
```

需要注意的是，函数的第一行语句使用文档字符串来进行函数说明，我们可以用内置函数help()查看函数说明，具体代码如下：

```
>>> help(like)
Help on function like in module __main__:
like(language)
输出喜欢的编程语言!
```

例5-2为带有多个参数的函数的实例。

例5-2 求出从整数a1到整数a2的所有整数之和。

```
# sum_seq.py
# 定义函数
def sum_seq(a1,a2):
    val = (a1 + a2) * (abs(a2 - a1)+1)/2
    return val
# 调用函数
print(sum_seq(1,9))
print(sum_seq(3,4))
print(sum_seq(2,11))
```

上面代码的执行结果如下：

```
45.0
7.0
65.0
```

5.1.2 return语句

“return [表达式]”语句用于退出函数，选择性地向调用方返回一个表达式。特别指出，不带表达式的return语句相当于返回None。

例5-3 使用return语句根据条件判断有选择性地返回。

```
# quotient.py
```

```
# 求商
def quotient(dividend,divisor):
        if (divisor == 0):
                return
        else:
                return dividend/divisor

# 函数调用
# 除数不为0
a = 99
b = 3
print(a,"/" ,b," = ",quotient(a,b))

# 除数为0
a = 99
b = 0
print(a,"/" ,b," = ",quotient(a,b))
```

上面代码的执行结果如下：

```
99 / 3  =  33.0
99 / 0  =  None
```

特别指出，如果函数没有return语句或者没有执行到return语句就退出函数，则该函数以返回None结束。

5.1.3 变量作用域

函数内部或者外部会经常用到变量。在函数内部定义的变量一般为局部变量，在函数外部定义的变量为全局变量。我们将变量起作用的代码范围称为“变量作用域”。

变量（包括局部变量和全局变量）作用域都从变量定义的位置开始，若在定义变量之前访问变量则会报错。在独立代码文件中，直接使用没有定义的变量也会报错。

函数内部定义的局部变量，其作用域仅在函数内部，一旦函数运行结束，则局部变量都被删除并且不可访问。

例5-4 全局变量与局部变量的作用域示例。

```
# func_var1.py
x,y = 2,200                # 全局变量

def func():
        x,y = 1,100        # 局部变量作用域仅在函数内部
        print("函数内部: x=%d,y=%d" % (x,y))

print("函数外部: x=%d,y=%d" % (x,y))
func()
```

```
print("函数外部: x=%d,y=%d" % (x,y))
```

上面代码的执行结果如下：

```
函数外部: x=2,y=200
函数内部: x=1,y=100
函数外部: x=2,y=200
```

从例5-4可以看出，虽然全局变量与局部变量的名称相同，但由于作用域不同，其所对应的值也不相同。

在函数内部可以使用global关键字来定义全局变量，定义的全局变量在函数运行结束后依然存在并可访问。下面对例5-4做简单的修改，在函数内部使用global定义全局变量x，其同名全局变量在函数外部已经定义，该变量在函数内外部是同一个变量，所以在函数内部该变量所有的运算结果也会反映到函数外部。如果在函数内部用global定义的全局变量在函数外部没有与其同名的，则调用该函数后会创建新的全局变量。

例5-5 在函数内部用global定义全局变量。

```
# func_var2.py
x,y = 2,200                                   # 全局变量

def func():
    global x
    x,y = 1,100                               # 局部变量作用域仅在函数内部
    print("函数内部: x=%d,y=%d" % (x,y))

print("函数外部: x=%d,y=%d" % (x,y))    # 函数调用前
func()
print("函数外部: x=%d,y=%d" % (x,y))    # 函数调用后
```

上面代码的执行结果如下：

```
函数外部: x=2,y=200
函数内部: x=1,y=100
函数外部: x=1,y=200
```

通过例5-5可以发现，对于变量x而言，函数func()调用前，x的值为2；函数func()调用时，x的值由2变为1，所以其输出结果为1；函数func()调用后，由于在函数内部x是全局变量，所以其值也反映到函数外部。

而对于变量y而言，例5-5中的全局变量y和局部变量y是两个不同的变量。局部变量y在函数func()调用过程中不会改变全局变量y的值。这也说明，如果局部变量和全局变量名字相同，则局部变量在函数内部会“屏蔽”与其同名的全局变量。

5.1.4 函数的递归调用

递归（Recursion）是一种特殊的函数调用形式，是函数在定义时直接或间接调用自身的一种方法，目的是将大型的复杂问题转化为一个与之相似的但规模较小或更为简单的问题。构成递归

需要具备以下条件。

（1）子问题须与原来的问题为相似的问题，但规模较小或更为简单。

（2）调用本身须有终止条件，不能无限制调用，即有边界条件。

例如，求非负整数的阶乘，公式为$n!=1\times2\times3\times\cdots\times n$。可以用循环的方式来实现，即按照公式从1乘到$n$来获得结果。但仔细分析后可以发现，$n$的阶乘其实是$n-1$的阶乘与$n$的乘积，即$n!=(n-1)!\times n$，这符合递归所需的条件。下面分别用循环和递归的方式来实现，可以比较这两种实现方式。一般而言，使用递归会大大地减少程序的代码量，让程序更加简洁。

例5-6 用循环的方式求非负整数的阶乘。

```
# factorial_loop.py
def factorial_loop(n):
    '''用循环的方式求非负整数n的阶乘'''
    val = 1
    if n==0:
        return val
    else:
        i = 1
        while i<=n:
            val = val * i
            i += 1
        return val

# 调用函数
print(factorial_loop(5))
```

例5-7 用递归的方式求非负整数的阶乘。

```
# factorial_recursion.py
def factorial_recursion(n):
    '''用递归的方式求非负整数n的阶乘'''
    if n==0:
        return 1
    else:
        return n*factorial_recursion(n-1)

# 调用函数
print(factorial_recursion(5))
```

求斐波那契数列是另一个典型的递归案例。在数学上，斐波那契数列以如下递归的方法定义：$F(0)=0$，$F(1)=1$，$F(n)=F(n-1)+F(n-2)$（$n\geqslant2$，$n\in\mathbf{N}$）。

例5-8 使用递归的方式求斐波那契数列中的第n个元素。

```
# fibonacci.py
def fibonacci(n):
    '''求斐波那契数列中的第n个元素'''
```

```
    fn = 0
    if n == 1:
        fn = 0
    elif n== 2:
        fn = 1
    else:
        fn = fibonacci(n-2) + fibonacci(n-1)
    return fn
# 调用函数
for i in range(1,10):
    print (fibonacci(i))
```

5.2 匿名函数

前面提到，Python有一种特殊的函数叫“匿名函数”。它其实是没有采取使用def语句定义函数的标准方式，而使用lambda表达式来简略定义的函数。匿名函数没有函数名，其lambda表达式只包含一个表达式。这种函数常用于不想定义函数但又需要函数的代码复用功能的场合。匿名函数具有以下特点。

（1）lambda表达式只包含一个表达式，函数体比def简单很多，所以匿名函数更加简洁。

（2）lambda表达式的主体是一个表达式，而不是一个代码块，因此lambda表达式中只能封装有限的逻辑。

（3）匿名函数拥有自己的命名空间，且不能访问自己参数列表之外或全局命名空间里的参数。

匿名函数定义如下：

```
匿名函数名 = lambda [arg1 [,arg2,…,argn]]:expression
```

其中，arg*为参数列表，expression为表达式，表示函数要进行的操作。

例5-9 分别用普通函数和匿名函数的方式求两个数的平方差。

```
# variance.py
# 计算两个数的平方差

# 以普通函数方式定义
def variance1(a,b):
    return b**2 - a**2

# 以匿名函数方式定义
variance2 = lambda a,b: b**2 - a**2

x,y = 4,5

# 普通函数调用
print("以普通函数方式定义的函数计算：")
print("{}*{} - {}*{} = {}".format(y,y ,x ,x,variance1(x,y)))
```

```
# 匿名函数调用
print("=============================")
print("以匿名函数方式定义的函数计算：")
print("{}*{} - {}*{} = {}".format(y,y ,x ,x,variance2(x,y)))
```

上面代码的执行结果如下。

```
以普通函数方式定义的函数计算：
5*5 - 4*4 = 9
=============================
以匿名函数方式定义的函数计算：
5*5 - 4*4 = 9
```

从例5-9可以看出，对于不复杂的、仅用一个表达式即可实现的函数，使用匿名函数还是使用普通函数的差别不大。与普通函数相比，匿名函数的调用形式与之相同，而在定义上会更简洁一些。所以，对于只需要包含一个表达式的任务，可以选择使用匿名函数；而对于复杂的、不能用一个表达式来完成的任务，使用匿名函数则显得力不从心，此时使用普通函数是更为正确的选择。

5.3 参数传递

参数是函数的重要组成部分。在函数定义语法中，函数名后括号内的参数列表是由用逗号分隔开的形参（Parameter）组成的，可以包含0个或多个形参。在调用函数时，向函数传递实参（Argument），根据不同的实参参数类型，将实参的值或引用（指针）传递给相应的形参。

通过前面章节的学习我们已经知道，在Python中，各种数据类型都是对象，其中字符串、数字、元组等是不可变对象，列表、字典等是可变对象。将某个数据类型的对象赋值给变量时，不需要事先声明变量名及其类型，直接赋值即可。此时，不仅变量的“值”发生变化，变量的“类型”也随之发生变化。这里之所以给值和类型加引号，是因为变量本身并无类型，也不直接存储值，而是存储了值的内存地址或者引用。

Python函数在传递不可变对象和可变对象这两种参数时，变量的值和存储的地址是否发生变化？只有明晰这个问题，我们才能更好地编写函数。

5.3.1 给函数传递不可变对象

下面的例5-10中，函数的参数传递的是数字类型，是不可变对象，这里要重点观察其定义及调用阶段变量的变化情况。

例5-10 给函数传递不可变对象。

```
# transfer_immutable.py
# 函数定义
def transfer_immutable(var):
    print("-------------------------函数内部-------------------------")
    print("函数内部赋值前，变量值：",var," --- 变量地址：",id(var))
```

```
        var += 77
        print("函数内部赋值后，变量值：",var," --- 变量地址：",id(var))
        print("-------------------------函数内部-------------------------")
        return(var)

# 函数调用
var_a = 11
print("函数外部调用前，变量值：",var_a," --- 变量地址：",id(var_a))
transfer_immutable(var_a)
print("函数外部调用后，变量值：",var_a," --- 变量地址：",id(var_a))
```

上面代码的执行结果如下：

```
函数外部调用前，变量值：11  --- 变量地址：140705103677424
-------------------------函数内部-------------------------
函数内部赋值前，变量值：11  --- 变量地址：140705103677424
函数内部赋值后，变量值：88  --- 变量地址：140705103679888
-------------------------函数内部-------------------------
函数外部调用后，变量值：11  --- 变量地址：140705103677424
```

从例5-10可以看出，不可变对象在传递给函数时，实参和形参是同一个对象（值和地址都相同）；但在函数内部，不可变对象类型的变量在重新赋值后，形参变成一个新的对象（地址发生改变），函数外部的实参在函数调用前后并未发生改变。由此可见，对于不可变对象的实参，传递给函数的仅仅是值，函数不会影响其引用（存放地址）。

5.3.2 给函数传递可变对象

将例5-10做简单的修改，函数内部几乎相同，不同的是实参的类型是可变对象的列表。

例5-11 给函数传递可变对象。

```
# transfer_mutable.py
# 函数定义
def transfer_mutable(varlist):
        print("-------------------------函数内部-------------------------")
        print("函数内部赋值前，变量值：",varlist," --- 变量地址：",id(varlist))
        varlist += [4,5,6,7]
        print("函数内部赋值后，变量值：",varlist," --- 变量地址：",id(varlist))
        print("-------------------------函数内部-------------------------")
        return(varlist)

# 函数调用
var_a = [1,2,3]
print("函数外部调用前，变量值：",var_a," --- 变量地址：",id(var_a))
transfer_mutable(var_a)
print("函数外部调用后，变量值：",var_a," --- 变量地址：",id(var_a))
```

上面代码的执行结果如下：

```
函数外部调用前，变量值：[1, 2, 3]  --- 变量地址：2353139853056
-------------------------函数内部-------------------------
函数内部赋值前，变量值：[1, 2, 3]  --- 变量地址：2353139853056
函数内部赋值后，变量值：[1, 2, 3, 4, 5, 6, 7]  --- 变量地址：2353139853056
-------------------------函数内部-------------------------
函数外部调用后，变量值：[1, 2, 3, 4, 5, 6, 7]  --- 变量地址：2353139853056
```

通过例5-11可以发现，传递可变对象的实参，实际上是把值和引用都传递给形参。函数内部对形参的改变，同时也改变了实参。

5.4 参数类型

Python函数的参数有以下类型：位置参数、关键字参数、默认参数、不定长参数。

5.4.1 位置参数

位置参数是在函数调用时必须有的，而且其顺序和数量都要与声明时保持一致。下面的示例中定义了一个有两个位置参数的函数。第一次调用时没有参数，运行时报错，显示缺少两个必需的参数；第二次调用时仅有一个参数，运行时的报错信息与第一次的不同，显示缺少第二个参数；第三次调用时提供了两个参数，函数正确运行。

```
>>> # 定义一个函数，其有两个位置参数
>>> def required_param(p1,p2):
        print(p1,p2)
        return
>>> # 调用函数，缺少两个参数
>>> required_param()
Traceback (most recent call last):
  File "<pyshell#9>", line 1, in <module>
    required_param()
TypeError: required_param() missing 2 required positional arguments: 'p1'
and 'p2'
>>> # 调用函数，缺少一个参数
>>> required_param("a string")
Traceback (most recent call last):
  File "<pyshell#11>", line 1, in <module>
    required_param("a string")
TypeError: required_param() missing 1 required positional argument: 'p2'
>>> # 调用函数，提供两个参数
>>> required_param("Hello","World")
Hello World
```

5.4.2 关键字参数

在函数调用时，若参数的传入使用了参数的名称，则称这类参数为关键字参数。使用关键字参数允许函数调用时参数的顺序与声明时不一致，因为 Python 解释器能够用参数名匹配参数值。所以在函数调用中，关键字参数放置的顺序不受限制，但是关键字参数必须放置在位置参数的后面。示例如下：

```
>>> # 定义一个函数，其有一个位置参数、两个关键字参数
>>> def key_param(p1,kp1,kp2):
        print(p1,kp1,kp2)
        return
>>> # 调用函数
>>> key_param("p1",kp2="kp2",kp1="kp1")
p1 kp1 kp2
```

在这个例子中，在key_param("p1",kp2="kp2",kp1="kp1")这种调用下，函数定义中的kp1、kp2是关键字参数，而p1是位置参数，这是由函数的调用决定的。此时，函数调用时p1必须有，而且位置必须跟声明时一致，即放在第一个位置，而kp1、kp2的顺序不受限制。

如果函数调用改为key_param(p1="p1",kp2="kp2",kp1="kp1")，那么此时p1是何种参数呢？这时p1也变为关键字参数了，可见关键字参数与函数的调用紧密相关。实际上，函数调用也可以改为key_param(kp2="kp2",p1="p1",kp1="kp1")，也就是说，当3个参数都是关键字参数的时候，3个参数放置的顺序不受限制。

5.4.3 默认参数

如果在函数定义时，某个参数使用了默认值，则该参数是默认参数；如果在函数调用时没有传递该参数，则使用默认值。例5-12以某学生社团纳新的会员管理为例，假定社团的新会员的年级一般为“大一”，则grade参数使用默认参数。

例5-12 在函数定义中使用默认参数。

```
# param1.py
# 定义一个函数
# 某学生社团纳新，会员一般为大一学生
def new_member(name,student_id,grade="大一"):
    print("姓名",name)
    print("学号",student_id)
    print("年级",grade)
    print("---------------------------")
    return

# 调用函数
new_member("张三","0001")
new_member("李四","0002","大二")
```

上面代码的执行结果如下：

```
姓名 张三
学号 0001
年级 大一
----------------------------
姓名 李四
学号 0002
年级 大二
----------------------------
```

值得注意的是，默认参数是在函数定义的时候就参加计算的。下面的示例中，调用函数func()会输出什么值呢？答案是在函数定义时就确定的值，即“大一”，而非在函数定义之后才被赋值的“大二”。

```
>>> gradeone = '大一'
>>> def func(grade=gradeone):
        print(grade)
>>> gradeone = '大二'
>>> #函数调用
>>> func()
大一
```

5.4.4 不定长参数

如果我们希望函数参数的个数不确定，则往往需要用到不定长参数。不定长参数的定义方式主要有两种：*parameter和**parameter。前者接收多个实参并将其放在一个元组中，后者接收键值对并将其放在字典中。这两种定义方式的基本语法分别如下。

方式一：

```
def functionname([formal_args,] *var_args_tuple ):
    function_suite
    return [expression]
```

方式二：

```
def functionname([formal_args,] **var_args_dict ):
    function_suite
    return [expression]
```

例5-13给出方式一的示例函数，它使用了不定长参数。

例5-13 对所有数字参数求和。

```
# param2.py
# 定义函数
def cal_sum(*a):
    sum = 0
    for ele in a:
```

```
            sum += ele
    return sum

# 调用函数
print(cal_sum(1,2))
print(cal_sum(1,2,3,4))
```

上面代码的执行结果如下：

```
3
10
```

例5-14给出方式二的示例函数。

例5-14 使用不定长参数，实参传递进函数后被转变为字典类型。

```
# param3.py
# 定义函数
def userinfo(**p):
    print(p)
    for k,v in p.items():
            print(k,":",v)

# 调用函数
userinfo(name = 'zhangsan' , id = '0001' , sex= 'male')
print("============================================================")
userinfo(name = 'lisi' , id = '0002' , sex= 'female')
print("============================================================")
userinfo(name = 'wangwu' , id = '0003' , sex= 'female')
```

上面代码的执行结果如下：

```
{'name': 'zhangsan', 'id': '0001', 'sex': 'male'}
name : zhangsan
id : 0001
sex : male
============================================================
{'name': 'lisi', 'id': '0002', 'sex': 'female'}
name : lisi
id : 0002
sex : female
============================================================
{'name': 'wangwu', 'id': '0003', 'sex': 'female'}
name : wangwu
id : 0003
sex : female
```

5.4.5 参数传递的序列解包

函数定义的参数列表如果包含多个位置参数形参，则可以用列表、元组、集合、字典或其他可迭代的对象作为实参来进行参数传递。此时，需要在实参名称前加一个星号（*），Python解释器会对实参进行解包操作，将序列中的值分别传递给多个单变量的形参。下面是序列解包的示例：

```
>>> def func(p1,p2,p3):
    # 参数列表中包含多个位置参数
        print(p1,p2,p3)
        return
>>> list1 = ["a1","a2","a3"]
>>> func(*list1)                        # 对列表进行解包
a1 a2 a3
>>> tup1 = ("a1","a2","a3")
>>> func(*tup1)                         # 对元组进行解包
a1 a2 a3
>>> dict={'a':1,'b':2,'c':3}
>>> func(*dict)                         # 对字典的键进行解包
a b c
>>> func(*dict.values())                # 对字典的值进行解包
1 2 3
>>> set1 = {'a','b','c'}
>>> func(*set1)                         # 对集合进行解包
b c a
>>> r1 = range(1,4)
>>> func(*r1)                           # 对其他序列类型进行解包
1 2 3
```

这是单个星号（*）对参数传递的序列进行解包的情形，而两个星号（**）则是针对字典的值进行解包的。需要注意的是，字典的键须与形参的名称保持一致，否则会报错。示例如下：

```
>>> def func(p1,p2,p3):
    # 参数列表中有多个位置参数
        print(p1,p2,p3)
        return
>>> p = {'p1':1,'p2':2,'p3':3}
>>> func(**p)                           # 对字典进行解包，注意键与形参的名称一致
1 2 3
>>> func(*p.values())                   # 对字典的值进行解包
1 2 3
>>> p = {'a1':1,'a2':2,'a3':3}          # 字典的键与形参的名称不一致
>>> func(**p)                           # 解包时出错
Traceback (most recent call last):
  File "<pyshell#58>", line 1, in <module>
    func(**p)                           # 解包时出错
```

```
TypeError: func() got an unexpected keyword argument 'a1'
```

5.5 内置函数

Python内置函数是Python解释器提供的、可以直接在Python程序中使用的函数，无须额外导入任何模块或库。这些函数为Python编程提供了基本的、常用的、非常强大的功能。

表5-1所示为一些Python常用的内置函数及其简要功能说明。

表 5-1　Python 常用的内置函数及其简要功能说明

函数	简要功能说明
abs(x)	返回数字x的绝对值
all(iterable)	如果iterable的所有元素都为True（或可迭代对象为空），则返回True，否则返回False
any(iterable)	如果iterable的任何元素为True，则返回True，否则返回False
bin(x)	将整数x转换为二进制字符串
bool(x)	将x转换为布尔值（True或False）
chr(i)	返回一个表示Unicode码点i的字符的字符串
eval(expression[, globals[, locals]])	执行一个字符串表达式，并返回表达式的值
float(x)	将x转换为一个浮点数
hex(x)	将整数x转换为十六进制字符串
int(x[, base])	将x转换为一个整数
len(s)	返回对象（如列表、字符串等）的长度或项目数
list([iterable])	返回一个列表
max(iterable[, *[, key, default]])	返回可迭代对象中的最大值
min(iterable[, *[, key, default]])	返回可迭代对象中的最小值
oct(x)	将整数x转换为八进制字符串
ord(s)	返回一个字符s的编码
pow(x,y)	返回x的y次幂
reversed(列表或元组)	返回逆序后的迭代器对象
round(x[,小数位数])	对x进行四舍五入，若不指定小数位数，则返回整数
str(obj)	把对象obj转换为字符串

由于Python的内置函数数量较多，因此这里不做详细介绍，仅给出几个示例作为演示：

```
>>> ord('a')
97
>>> ord('A')
65
>>> chr(97)
'a'
```

```
>>> chr(65)
'A'
>>> chr(ord('A')+1)
'B'
>>> str(5)
'5'
>>> str(123)
'123'
>>> a = [1,3,5,7,9]
>>> max(a)
9
>>> min(a)
1
```

5.6 本章小结

函数是Python的重要组成部分。本章从普通函数开始，逐步介绍函数的各个组成部分，着重阐述了多种参数类型的差异，详细分析了在参数传递的过程中，不同类型的对象对实参和形参的影响，还介绍了匿名函数和递归函数的相关知识，并介绍了一些Python常用的内置函数。

5.7 习题

（1）关于定义函数的规则，以下描述错误的是（ ）。

A．函数代码块从形式上包含函数名部分和函数体部分

B．函数名部分以func关键字开头，后接函数标识符名称和圆括号()，以冒号“:”结尾

C．圆括号内可以定义参数列表（可以为0个、1个或多个参数），即使参数个数为0，圆括号也必须保留

D．函数体部分的内容需要缩进

（2）假设某个函数的函数体只有一行，请选择不是返回None的选项（ ）。

A．return None　B．return　C．return 0　D．100 ~ 20

（3）关于函数作用域的说法哪个是正确的？（ ）

A．局部变量可以在局部使用，比如2个临近的函数之间

B．全局变量只能在所有函数外使用，函数体内必须重新定义变量

C．不可变对象的全局变量可以通过global定义后在函数体内赋值使用

D．如果在函数体内使用global定义了未在函数体外定义的全局变量会导致出错

（4）关于递归函数的说法错误的是（ ）。

A．递归函数调用自身，某种意义上必须更接近于解

B．递归函数必须有终止条件

C．A函数调用B函数，即使B函数再调用A函数，A函数也不算递归函数

D．递归函数一般比同样使用循环的代码更为简洁和可读

（5）匿名函数的特点不包括以下哪个？（　）

A．只包含一个表达式，函数体比 def 简单很多，更加简洁

B．匿名函数跟普通函数一样可以在多个地方重用

C．因为匿名函数的表达式的主体是一个表达式，而不是一个代码块，所以仅能在lambda表达式中封装有限的逻辑

D．匿名函数拥有自己的命名空间，且不能访问自己参数列表之外或全局命名空间里的参数

（6）向函数传递参数时，存在不可变对象和可变对象两种类型，不考虑在函数体内重新定义x的情况下，以下哪个函数内部可能会改变参数x的值？（　）

A．x = 2; func(x)　　B．x = 'test'; func(x)

C．x = ['test"]; func(x)　　D．x = ('test'); func(x)

（7）以下哪个不是函数的参数类型？（　）

A．位置参数　　B．关键字参数　　C．默认参数　　D．定长参数

（8）关于函数参数，以下哪个是正确的？（　）

A．默认参数在函数调用的时候才会计算默认变量的值

B．函数定义了几个参数，就必须传入几个参数，否则会报错

C．函数定义的参数顺序是固定的，在调用时必须按顺序传入相应的值

D．函数参数在调用时可以使用关键字参数，顺序可以随意调整，可提高代码可读性

实验3 函数的使用方法初级实践

一、实验目的

（1）掌握函数的基本用法。

（2）掌握函数的不定长参数和返回值的使用方法。

（3）掌握递归函数的两个条件和用法。

（4）掌握函数应用于常见例子的方法。

二、实验平台

（1）操作系统：Windows 7及以上。

（2）Python版本：3.12.2版本。

三、实验内容

1．汉诺塔

汉诺塔是一个源于印度古老传说的益智玩具，其有3根柱子（命名为A、B、C）和N个大小不同的圆盘（从小到大编号为1 ~ N），圆盘中间有孔，可以穿在任何一根柱子上。假设最开始圆盘从下往上、从大到小穿在A柱上，利用B柱作为中转，将圆盘从A柱移动到C柱，移动过程中需要注意以下几点。

（1）每次只能移动一个圆盘。

（2）圆盘只能从顶端移动到另外一根柱子。

（3）圆盘只能移动到比它大的圆盘上，也就是任何时候每根柱子从下往上都是从大到小编号的圆盘。

假设N=5，请使用递归函数编程解决汉诺塔问题。每移动一步可以输出类似“圆盘 N 从A到B”这样的信息，用来说明最顶端的N号圆盘从A柱移动到B柱。

2．密码复杂度

编写一个函数，参数为一串明文密码字符串，返回值为字符串长度、大写字母的个数、小写字母的个数和数字的个数共4个数字。

3．回文串

请编写一个函数，参数为一个字符串，使用for循环，判断该字符串是否属于回文串。

4．最大回文串

最大回文串是指回文串中最大的子串。请编写一个函数，参数为一个字符串，返回这个字符串所有子串里面构成回文串的最大子串。

5．不定长参数

编写一个函数，输入不定长参数，将其中是整型的参数全部相加，忽略非整型的参数。

6．素数

给定一个正整数n，返回$1 \sim n$的所有素数。

7．寻找数组中的最大公约数

编写一个函数，输入一个数组，输出这个数组内最大值和最小值的最大公约数。两个数的最大公约数为能被两个数整除的最大正整数。

四、实验报告

"Python程序设计基础"课程实验报告					
题目：		姓名：		日期：	
实验环境：					
实验内容与完成情况：					
出现的问题：					
解决方案（列出出现的问题和解决方案，列出没有解决的问题）：					

第6章 模块

Python中的模块（Module）是一个独立的Python文件，以.py作为扩展名，包含Python对象定义和Python语句。模块可以让我们有逻辑地组织Python代码段。模块里可以包含定义的函数、类和变量，也可以包含可执行的代码。模块可以被项目中的其他模块、脚本甚至是交互式的解析器所使用，也可以被其他程序引用，从而使用该模块里的函数等功能。

本章首先介绍创建和使用模块，然后介绍Python自带的标准模块以及使用pip管理Python扩展模块。

6.1 创建和使用模块

模块本质上是用来从逻辑上组织Python代码（变量、函数、类、逻辑）去实现一个功能的。下面介绍如何创建和使用模块。

6.1.1 创建模块

Python中的模块分为以下几种。

（1）系统内置模块，如sys、time、json模块等。

（2）自定义模块。自定义模块是用户自己编写的模块，用于对某段逻辑或某些函数进行封装后供其他函数调用。需要注意的是，自定义模块一定不能和系统内置的模块重名，否则将不能再导入系统的内置模块。例如，自定义了一个sys.py模块后，就不能再导入系统的sys模块了。

（3）第三方的开源模块。这种模块可以通过“pip install”命令进行安装，有开源的代码。

下面介绍如何创建自定义模块。新建一个rectangle.py文件，这个文件就可以看作一个模块，其具体代码如下：

```
# rectangle.py
def area(length,width):
    return length * width
def perimeter(length,width):
    return (length + width) * 2
```

6.1.2 使用import语句导入模块

可以在程序中使用import语句导入已经创建的模块，语法格式如下：

```
import modulename [as alias]
```

例如，在下面的程序中导入了上面定义的模块rectangle，并调用了模块里的area()函数：

```
# get_area.py
import rectangle
print("矩形的面积是：", rectangle.area(4,5))
```

上面程序的执行结果如下：

```
矩形的面积是：20
```

可以看出，在导入模块以后，如果要调用模块里面的变量、函数或者类，需要在变量名、函数名或者类名前带上模块名作为前缀，比如rectangle.area(4,5)表示调用模块rectangle中的函数area(4,5)。

当一个模块的名称较长且不方便记忆时，在导入模块时，也可以使用as关键字给模块取一个新的名字，实例如下：

```
# get_area1.py
import rectangle as m
print("矩形的面积是: ",m.area(4,5))
```

还可以使用import语句同时引入多个模块，语法如下：

```
import module1[, module2[,…,moduleN]]
```

比如，假设已经创建了3个模块文件，分别是rectangle.py、circle.py和diamond.py，当需要同时引入这3个模块时，可以使用如下代码：

```
import rectangle, circle, diamond
```

6.1.3 使用from…import语句导入模块

使用import语句导入模块时，每次执行import语句的时候，都会创建一个新的命名空间，并在该命名空间中执行与.py文件相关的所有语句。如果我们不想在每次导入模块时都创建一个新的命名空间，而是希望将具体的定义导入当前的命名空间中，可以使用from…import语句。这种导入方式可以减少程序员需要输入的代码量，因为在这种情况下调用模块里的变量、函数时，不再需要使用模块名作为前缀。from…import语句的语法格式如下：

```
from modulename import member
```

其中，modulename表示要导入的模块的名称，member表示要导入的变量、函数或者类等，如果要导入全部定义，可以使用通配符“*”。实例如下：

```
# get_area2.py
from rectangle import area,perimeter
print("矩形的面积是: ",area(4,5))
print("矩形的周长是: ",perimeter(4,5))
```

上面代码的执行结果如下：

```
矩形的面积是: 20
矩形的周长是: 18
```

可以看到，在使用from…import语句导入模块以后，不再需要使用前缀形式（比如rectangle.area(4,5)）来调用模块里面的函数，而是不加前缀直接调用函数，即直接使用area(4,5)和perimeter(4,5)。

由于上面这个程序导入了模块rectangle中的所有定义，因此，也可以使用通配符“*”，具体如下：

```
# get_area3.py
from rectangle import *
```

```
print("矩形的面积是：",area(4,5))
print("矩形的周长是：",perimeter(4,5))
```

6.2 Python自带的标准模块

Python自带了很多实用的模块，称为“标准模块”或者“标准库”，我们可以直接使用import语句把这些模块导入Python文件中使用。表6-1所示为Python常用的内置标准模块。

表 6-1 Python 常用的内置标准模块

模块名	功能
calendar	提供与日期相关的各种函数的标准库
datetime	提供与日期、时间相关的各种函数的标准库
decimal	用于定点和浮点运算
json	用于使用JSON（JavaScript Object Notation，JavaScript对象简谱）序列化和反序列化对象
logging	提供配置日志信息的功能
math	提供许多用于浮点数的数学运算函数
os	提供对文件和目录进行操作的标准库
random	提供随机数功能的标准库
re	提供基于正则表达式的字符串匹配功能
sys	提供对解释器使用或维护的一些变量的访问以及与解释器交互的函数
shutil	高级的文件、文件夹、压缩包处理模块
time	提供与时间相关的各种函数的标准库
urllib	请求URL（Uniform Resource Locator，统一资源定位符）连接的标准库

6.3 使用pip管理Python扩展模块

Python的强大之处在于它拥有非常丰富的第三方库（或第三方模块），可以帮我们方便、快捷地实现网络爬虫、数据清洗、数据分析、数据可视化和科学计算等功能。为了便于安装和管理第三方库和软件，Python提供了一个扩展模块（或扩展库）管理工具pip，安装Python的时候会默认安装pip。

pip之所以能够成为较流行的扩展模块管理工具，并不是因为它被Python官方作为默认的扩展模块管理工具，而是因为它自身有很多优点，主要优点如下。

（1）pip提供了丰富的功能，包括扩展模块的安装和卸载，以及显示已经安装的扩展模块。

（2）pip能够很好地支持虚拟环境。

（3）pip可以集中管理依赖。

（4）pip能够处理二进制格式。

（5）pip是先下载后安装，如果安装失败，pip安装包也会被清理干净，不会留下一个中间状态。

pip提供的命令不多，但是都很实用。表6-2所示为常用pip命令及其说明。

表 6-2 常用 pip 命令及其说明

pip命令	说明
pip install SomePackage	安装SomePackage模块
pip list	列出当前已经安装的所有模块
pip install --upgrade SomePackage	升级SomePackage模块
pip uninstall SomePackage	卸载SomePackage模块

例如，Matplotlib是典型的Python绘图库，它提供了一整套和MATLAB相似的API，十分适合交互式地进行绘图，可以使用如下命令安装Matplotlib：

```
> pip install matplotlib
```

安装成功以后，使用如下命令就可以看到安装的Matplotlib：

```
> pip list
```

6.4 本章小结

模块是用来从逻辑上组织Python代码（变量、函数、类、逻辑）去实现一个功能的，其本质就是一个以.py作为扩展名的Python文件。把相关的代码分配到一个模块里，能让代码更好用、更易懂。本章介绍了模块的创建和使用方法，还对Python自带的标准模块进行了概要介绍，最后介绍了如何使用pip管理Python扩展模块。

6.5 习题

（1）以下关于模块的说法错误的是（　）。

A. Python中的模块是一个独立的Python文件，以.py作为扩展名，包含Python对象定义和Python语句

B. 模块可以让我们有逻辑地组织Python代码段，把相关的代码分配到一个模块里能让代码更好用、更易懂

C. 模块里可以包含定义的函数、类和变量，但是不能包含会直接执行的代码，否则引入模块会直接运行导致程序错误

D. 模块可以被项目中的其他模块、脚本甚至是交互式的解析器所使用，还可以被其他程序引用，从而使用该模块里的函数等功能

（2）以下import语句错误的是（　）。

A. import timedelta from datetime　　B. import datetime as dt

C. from datetime import datetime　　D. from datetime import *

（3）pip用于管理Python的扩展模块，以下哪个不是pip的子命令？( )

A. pip install SomePackage，安装SomePackage模块

B. pip list，列出当前已经安装的所有模块

C. pip upgrade SomePackage，升级SomePackage模块

D. pip uninstall SomePackage，卸载SomePackage模块

第7章 异常处理

编程时会产生各种各样的错误，有的是程序语法错误，会在程序解析时被指出；有的是逻辑错误，与业务逻辑有关，不会影响程序的运行，但会影响业务流程；还有的是运行时产生的错误，即“异常”，如果没有对其进行合适的处理，往往会造成程序崩溃而使运行终止。因此，了解程序可能出现异常的地方，并进行异常处理，是使程序更加健壮、提高系统容错性的重要手段。

本章首先介绍异常的概念和内置异常类层次结构，然后着重介绍异常处理结构。

7.1 异常的概念

异常是程序运行过程中产生的错误。在程序解析时没有出现错误，语法正确但在运行期间出现错误的情况即异常。引发异常的原因有很多，除以零、溢出异常、索引越界、不同类型的变量运算、内存错误等都会产生异常。

以下为在交互式运行环境中执行的语句出现异常的例子：

```
>>> 1 /0                                #除以零
ZeroDivisionError: division by zero
>>> '2' + 2                             #不同类型的变量运算
TypeError: can only concatenate str (not "int") to str
>>> 4 + var                             #变量未定义
NameError: name 'var' is not defined
>>> fp = open('file1.txt','r')          #文件不存在
FileNotFoundError: [Errno 2] No such file or directory: 'file1.txt'
>>> len(100)                            #类型错误
TypeError: object of type 'int' has no len()
```

以下为在IDLE中新建文件并运行出现异常的例子：

```
0# exception01.py
la = [1,2,3]
la[3] = 100                             #索引越界
print (la)
```

上面的代码执行后会报以下错误：

```
IndexError: list assignment index out of range
# exception02.py
def sum(a,b):
    sum = a + b
    return sum

a = 'str'
b = 100
sum(a,b)                                #不同类型的变量运算
```

上面的代码执行后会报以下错误：

```
TypeError: can only concatenate str (not "int") to str
```

从上面的例子中可以看出，异常有不同的类型，其错误类型和描述显示在运行结果的信息中，例子中的错误类型包括ZeroDivisionError、NameError、FileNotFoundError、IndexError 和 TypeError等。

7.2 内置异常类层次结构

Python中有很多内置异常类，其继承关系的层次结构如图7-1所示。其中，BaseException是所有内置异常类的基类。我们了解了这个结构后，在捕获和处理异常时可以更加细致具体，从而判别更具体的异常类型。

```
BaseException
 +-- SystemExit
 +-- KeyboardInterrupt
 +-- GeneratorExit
 +-- Exception
      +-- StopIteration
      +-- StopAsyncIteration
      +-- ArithmeticError
      |    +-- FloatingPointError
      |    +-- OverflowError
      |    +-- ZeroDivisionError
      +-- AssertionError
      +-- AttributeError
      +-- BufferError
      +-- EOFError
      +-- ImportError
      |    +-- ModuleNotFoundError
      +-- LookupError
      |    +-- IndexError
      |    +-- KeyError
      +-- MemoryError
      +-- NameError
      |    +-- UnboundLocalError
      +-- OSError
      |    +-- BlockingIOError
      |    +-- ChildProcessError
      |    +-- ConnectionError
      |    |    +-- BrokenPipeError
      |    |    +-- ConnectionAbortedError
      |    |    +-- ConnectionRefusedError
      |    |    +-- ConnectionResetError
      |    +-- FileExistsError
      |    +-- FileNotFoundError
```

图7-1　Python内置异常类的层次结构

```
      |    +-- InterruptedError
      |    +-- IsADirectoryError
      |    +-- NotADirectoryError
      |    +-- PermissionError
      |    +-- ProcessLookupError
      |    +-- TimeoutError
      +-- ReferenceError
      +-- RuntimeError
      |    +-- NotImplementedError
      |    +-- RecursionError
      +-- SyntaxError
      |    +-- IndentationError
      |         +-- TabError
      +-- SystemError
      +-- TypeError
      +-- ValueError
      |    +-- UnicodeError
      |         +-- UnicodeDecodeError
      |         +-- UnicodeEncodeError
      |         +-- UnicodeTranslateError
      +-- Warning
           +-- DeprecationWarning
           +-- PendingDeprecationWarning
           +-- RuntimeWarning
           +-- SyntaxWarning
           +-- UserWarning
           +-- FutureWarning
           +-- ImportWarning
           +-- UnicodeWarning
           +-- BytesWarning
           +-- ResourceWarning
```

图7-1 Python内置异常类的层次结构（续）

7.3 异常处理结构

本节介绍Python中的4种典型的异常处理结构，具体如下。

- try/except。
- try/except…else…。
- try/except…finally…。
- try/except…else…finally…。

7.3.1 try/except

异常处理结构“try/except”（见图7-2）是Python异常处理的基本结构。按照常规编程习惯，一般会把有可能引发异常的代码放在try子句的代码块中，而except子句的代码块则用来处理相应的异常。

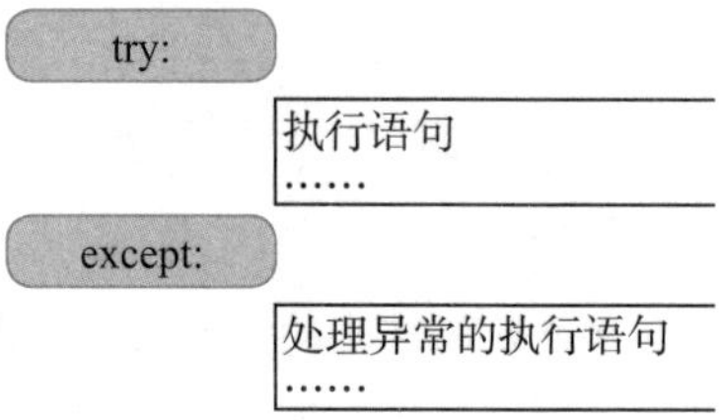

异常处理结构“try/except”的工作方式如下。

（1）首先执行try子句的代码块（在关键字try和except之间的语句）。如果没有产生异常，则忽略except子句，try子句的代码块执行后正常结束。

（2）如果try子句的代码块在执行过程中产生异常，则立即捕获异常，同时跳出try子句的代码块，进入except子句的代码块，进行异常处理。在except子句的代码块中，可以根据try子句产生的异常的类型，进行相应的异常处理。如果异常的类型与except之后的名称相同，则对应的except子句被执行。

（3）如果一个异常没有与except子句匹配，则该异常会传递到上层的try子句中（如果有上层try子句）。

try:
执行语句
……
except:
处理异常的执行语句
……

图7-2 异常处理结构“try/except”

下面的示例代码完成的任务是：不断接收用户的输入（要求输入整数，不接收其他类型的输入），并做除法运算。

```
# exception03.py
total = 100
while True:
    x = input("请输入整数：")
    try:
        x = int(x)
        val = total / x
        print("==>您输入的整数为：",x, " **** 商为：",val)
    except Exception as e:
        print("Error! ",e)
```

上面代码的执行结果如下：

```
请输入整数：1
==>您输入的整数为：1  **** 商为：100.0
请输入整数：2
==>您输入的整数为：2  **** 商为：50.0
请输入整数：3str
Error!  invalid literal for int() with base 10: '3str'
请输入整数：0
Error!  division by zero
```

上面的异常结构为基本结构，仅能捕获一种异常进行处理。如果需要对多种不同的异常进行相应的处理，则需要增加多个except子句，其语法格式如下：

```
try:
    #可能产生异常的代码块
except Exception1:
    #处理类型为Exception1的异常
except Exception2:
    #处理类型为Exception2的异常
```

```
except Exception3:
    #处理类型为Exception3的异常
...
```

这个处理结构的工作方式与基本结构的工作方式稍有不同，在第（2）步，如果try子句的代码块产生异常，则按顺序依次检查每个except之后的名称，直到异常类型与某个except之后的名称相同，其对应的except子句被执行。其他步骤与基本结构的相似。

7.3.2 try/except…else…

异常处理结构“try/except…else…”（见图7-3）是在“try/except”结构中增加else子句，注意else子句应该放在所有的except子句之后。

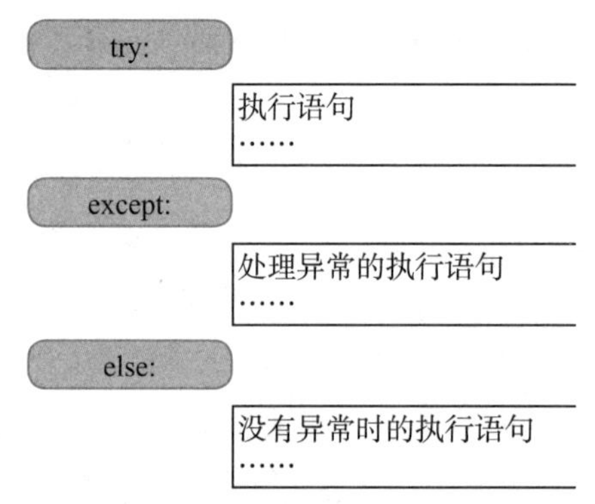

图7-3　异常处理结构“try/except…else…”

异常处理结构“try/except…else…”的语法结构如下：

```
try:
    #可能产生异常的代码块
except Exception1:
    #处理类型为Exception1的异常
except Exception2:
    #处理类型为Exception2的异常
except Exception3:
    #处理类型为Exception3的异常
...
else:
    #如果try子句的代码块没有产生异常，则继续执行else子句的代码块
```

该处理结构的工作方式是：如果try子句的代码块产生异常，则执行其后的一个或多个except子句，进行相应的异常处理，而不去执行else子句的代码块；如果try子句的代码块没有产生异常，则执行else子句的代码块。

这种结构的好处是不需要把过多的代码放在try子句中，而是把那些真的有可能产生异常的代码放在try子句中。具体实例如下：

```
# exception04.py
fname = "d:\\Temp\\info1.log"
```

```
try:
    f = open(fname, 'r')
except IOError:
    print('无法打开文件', fname)
else:
    print(fname, '有', len(f.readlines()), '行。')
    f.close()
```

上面的代码执行后会报以下错误：

```
无法打开文件 d:\Temp\info1.log
```

7.3.3 try/except…finally…

异常处理结构“try/except…finally…”（见图7-4）是在“try/except”基本结构中增加finally子句，不管try子句的代码块是否产生异常，也不管异常是否被except子句所捕获，都将执行finally子句的代码块。

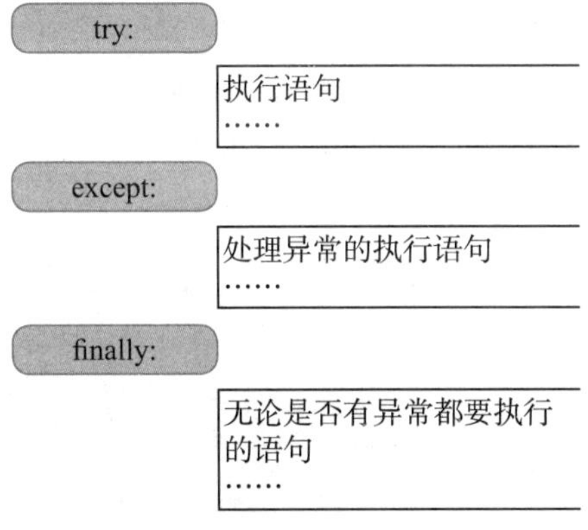

图7-4 异常处理结构“try/except…finally…”

异常处理结构“try/except…finally…”的语法结构如下：

```
try:
    #可能产生异常的代码块
except Exception1:
    #处理类型为Exception1的异常
except Exception2:
    #处理类型为Exception2的异常
except Exception3:
    #处理类型为Exception3的异常
...
finally:
    #无论try子句的代码块是否产生异常，都将执行finally子句的代码块
```

注意，该语法结构中可以没有except子句，这种情况下finally子句仍将执行；若try子句中产生了异常，则在finally子句执行后被抛出。

下面的例子中，我们按顺序检查每个except后的异常类型，对try子句的代码块产生的异常进行捕获，如果某个except子句捕获到异常，则执行其代码块进行相应处理。但无论是否产生异常，或者是否捕获到异常，都将执行finally子句的代码块。

```
# exception05.py
try:
    val = 1/0
    pass
except FloatingPointError as ex1:      #未能捕获到异常
    print("ex1:",ex1)
except ZeroDivisionError as ex2:       #捕获到异常
    print("ex2:",ex2)
finally:
   print("都要处理finally子句！")
```

上面的代码的执行结果如下：

```
ex2: division by zero
都要处理finally子句!
```

特别地，如果try子句中产生的异常没有被except子句捕获到，或者except子句或else子句中又产生了新的异常，则这些异常会在finally子句执行后被再次抛出。

```
# exception06.py
try:
    val = 1/0
    pass
except FloatingPointError as ex1:      #未能捕获到异常
    print("ex1:",ex1)

#except BaseException as BaseEx:       #可以捕获到所有异常，此处被注释掉了
#     print("BaseEx:",BaseEx)

finally:
   print("都要处理finally子句！")
```

上面的代码的执行结果如下：

```
都要处理finally子句!
（略去详细信息）
ZeroDivisionError: division by zero
```

上例中给出的被注释掉的except子句，可以捕获到所有内置的异常，因为BaseException是Python所有内置异常类的基类。添加该except子句，可以防止在finally子句执行后还抛出异常。

7.3.4 try/except…else…finally…

完整的Python异常处理结构同时包括try子句、多个except子句、else子句和finally子句，如图7-5所示。

图7-5 异常处理结构“try/except…else…finally…”

异常处理结构“try/except…else…finally…”的语法结构如下：

```
try:
    #可能产生异常的代码块
except Exception1:
    #处理类型为Exception1的异常
except Exception2:
    #处理类型为Exception2的异常
except Exception3:
    #处理类型为Exception3的异常
...
else:
    #如果try子句的代码块没有产生异常，则继续执行else子句的代码块
finally:
    #无论try子句的代码块是否产生异常，都将执行finally子句的代码块
```

下面是一个具体实例：

```
# exception07.py
while True:
    x = input("请输入整型的除数：")
    y = input("请输入整型的被除数：")
    try:
        x = int(x)
        y = int(y)
        val = y / x
    except TypeError:
        print("TypeError")
    except ZeroDivisionError:
        print("ZeroDivisionError")
    except Exception as e:
```

```
        print("Error! ",e)
    else:
        print("No Error!")
        print("x=",x," y=",y, " y/x=",val,"\n")
    finally:
        print("都要处理finally子句! \n")
```

上面的代码的执行结果如下：

```
请输入整型的除数：1
请输入整型的被除数：100
No Error!
x= 1  y= 100  y/x= 100.0
都要处理finally子句!
请输入整型的除数：1str
请输入整型的被除数：100
Error!  invalid literal for int() with base 10: '1str'
都要处理finally子句!
请输入整型的除数：0
请输入整型的被除数：100
ZeroDivisionError
都要处理finally子句!
```

7.4 本章小结

异常处理是保证软件健壮性的重要且常规的手段。本章首先介绍了异常的概念及Python内置异常类层次结构，使读者对异常有一定的了解，然后详细阐述了异常处理结构，这是本章的重点，需要重点掌握。

7.5 习题

（1）Python内置异常类的基类是（　　）。

A．Exception

B．BaseException

C．BaseError

D．PythonException

（2）在异常处理的“try/except…else…finally…”结构中，如果在try子句的代码块中产生一个异常，下列说法中正确的是（　　）。

A．继续执行try子句的代码块中的剩余语句，然后将可能产生的其他异常一并交给except子句去捕获

B．立即跳出try子句，下一步交给else子句去处理

C．立即跳出try子句，下一步交给except子句去处理

D．立即跳出try子句，下一步交给finally子句去处理

（3）下列说法中正确的是（　　）。

A．Python异常处理结构中不可以有多个except子句

B．Python异常处理结构中可以有多个else子句

C．Python异常处理结构中必须有一个finally子句

D．Python异常处理结构中可以有多个except子句

（4）关于下面这段代码的说法正确的是（　　）。

```
try:
    x,y = 0,100
    print(y/x)
finally:
    print("所有的异常处理最终都要经过finally子句。")
```

A．报语法错误

B．输出“所有的异常处理最终都要经过finally子句。”后抛出异常

C．0

D．需要except子句

（5）下面这段代码的运行结果是（　　）。

```
def func():
    try:
        print("1"+1)
        return "try"
    except TypeError:
        return "except"
    finally:
        return "finally"
print(func())
```

A．try

B．11（回车符）try

C．except（回车符）finally

D．finally

第 8 章 文件和数据库操作

在进行数据分析工作时，经常涉及对不同格式数据的读写操作。数据的存储方式主要包括文件存储和数据库存储。在Python中，文件操作是处理数据的基础操作之一，我们可以使用内置的文件操作函数来创建、打开、读取、写入和关闭文件。数据库是进行数据管理的有效技术，是计算机科学的重要分支。在应用程序开发中，数据库占据着举足轻重的地位，绝大多数的应用程序都是围绕着数据库构建起来的。数据分析人员必须要了解数据库的基本理论和操作方法。

本章首先介绍文件操作、文件读写和目录操作；然后，从理论层面简要介绍数据库和关系数据库标准语言SQL；接下来在实践层面介绍MySQL数据库的安装和使用方法，以及如何使用Python操作MySQL数据库，包括连接数据库、创建表、插入数据、修改数据、查询数据、删除数据等。

8.1 文件操作

本节介绍文件操作，包括打开文件和关闭文件。

8.1.1 打开文件

在Python中，可以使用open()函数来打开一个文件。open()函数需要两个参数：文件名和模式。模式决定了文件应如何被打开，如读取、写入等。以下是一些常见的模式。

（1）'r'：读取模式（默认）。

（2）'w'：写入模式。如果文件已存在则将其覆盖。如果文件不存在，则创建新文件。

（3）'a'：追加模式。如果文件已存在，文件指针将会放在文件的结尾。也就是说，新的内容将被写入已有内容之后。如果文件不存在，则创建新文件。

（4）'b'：二进制模式。

假设在Python的当前工作目录下有一个文本文件myfile.txt，里面包含两行内容，可以执行如下代码打开文件并读取内容：

```
>>> # 打开文件（默认为读取模式）
>>> # 文件在当前工作目录下，如果在其他目录下，需要给出路径全称
>>> file_path = 'myfile.txt'
>>> with open(file_path, 'r') as file:
        # 执行文件操作，例如读取文件内容
        file_content = file.read()
        print(file_content)
    # 文件在with块结束后会自动关闭，无须显式关闭文件
hello world
Xiamen University
```

8.1.2 关闭文件

1．使用with语句

with语句是一种上下文管理器，当它的代码块执行完毕时，会自动关闭文件。这是推荐的方法，因为它确保文件在使用完毕后被正确关闭，即使发生异常也能保证关闭。8.1.1小节的代码中就使用了这种方法关闭文件。

2．使用close()方法

可以显式调用文件对象的close()方法来关闭文件。这种方法适用于一些特殊情况，但相对而言不如with语句简洁和安全。

```
>>> file_path = 'myfile.txt'            # 文件在当前工作目录下
>>> file = open(file_path, 'r')
>>> try:
      # 执行文件操作，例如读取文件内容
      file_content = file.read()
      print(file_content)
    finally:
      file.close()
hello world
Xiamen University
```

8.2 文件读写

本节介绍文件的读写，包括写数据（写入文本文件、CSV文件和JSON文件）和读数据（读取文本文件、CSV文件和JSON文件，并分别使用read()、readlines()和readline()函数）。

8.2.1 写数据

1．写入文本文件

可以使用内置的open()函数来打开文件并写入内容，要注意使用适当的模式（例如，'w' 表示写入）。

```
>>> file_path = 'myfile.txt'            # 文件位于当前工作目录
>>> # 写入文件
>>> with open(file_path, 'w') as file:
        file.write("Hello, Xiamen University.")
25
```

2．写入CSV文件

可以使用csv模块来写入CSV文件。

```
>>> import csv
>>> csv_file_path = 'myfile.csv'        # 文件位于当前工作目录
>>> data = [['Name', 'Sex', 'Department'],
            ['Xiaoming', 23, 'Computer'],
            ['Xiaowang', 22, 'English']]
>>> with open(csv_file_path, 'w', newline='') as csvfile:
        csv_writer = csv.writer(csvfile)
        csv_writer.writerows(data)
```

3．写入JSON文件

可以使用内置的json模块来写入JSON文件。

```
>>> import json
>>> json_file_path = 'myfile.json'      # 文件位于当前工作目录
>>> data = {"Name": "Xiaoming", "Age": 23, "Department": "Computer"}
>>> with open(json_file_path, 'w') as jsonfile:
        json.dump(data, jsonfile)
```

8.2.2 读数据（read()）

1．读取文本文件

可以使用内置的open()函数来打开文件并读取内容。

```
>>> file_path = 'myfile.txt'                # 文件位于当前工作目录
>>> # 读取文本文件
>>> with open(file_path, 'r') as file:
        data = file.read()
        print(data)
Hello, Xiamen University.
```

2．读取CSV文件

可以使用csv模块来读取文件。

```
>>> import csv
>>> csv_file_path = 'myfile.csv'        # 文件位于当前工作目录
>>> # 读取CSV文件
>>> with open(csv_file_path, 'r') as csvfile:
        csv_reader = csv.reader(csvfile)
        for row in csv_reader:
            print(row)
['Name', 'Sex', 'Department']
['Xiaoming', '23', 'Computer']
['Xiaowang', '22', 'English']
```

3．读取JSON文件

可以使用内置的json模块来读取JSON文件。

```
>>> import json
>>> json_file_path = 'myfile.json'
>>> # 读取JSON文件
>>> with open(json_file_path, 'r') as jsonfile:
        data = json.load(jsonfile)
        print(data)
{'Name': 'Xiaoming', 'Age': 23, 'Department': 'Computer'}
```

8.2.3 读数据（readlines()）

在Python中，readlines()函数用于读取文件中的所有行，并将它们作为列表中的字符串元素返回。每个元素代表文件中的一行内容，包括行尾的换行符（'\n'）。

假设在当前工作目录下有一个名为myfile.txt的文件，其内容如下：

```
Fuzhou University
Xiamen University
Peking University
```

可以使用readlines()函数来读取这个文件的所有行：

```
>>> # 打开文件
>>> with open('myfile.txt', 'r') as file:
        # 读取所有行
        lines = file.readlines()
>>> # 输出读取到的行
>>> for line in lines:
        print(line.strip())  # 每一行的末尾都包含换行符（'\n'），使用strip()方法将
其去除
Fuzhou University
Xiamen University
Peking University
```

readlines()函数适用于读取包含多行文本的文件，但对于大型文件，可能需要考虑逐行读取而不是将整个文件加载到内存中。这可以通过循环遍历文件对象来实现，而不是使用 readlines()。

```
>>> # 打开文件
>>> with open('myfile.txt', 'r') as file:
        # 逐行读取文件
        for line in file:
            print(line.strip())
Fuzhou University
Xiamen University
Peking University
```

8.2.4 读数据（readline()）

readline()是Python中用于读取文件的方法之一，它用于逐行读取文件内容，并返回文件中的一行作为字符串。

```
>>> with open('myfile.txt', 'r') as file:
        line = file.readline()
        print(line)
Fuzhou University
```

上面的代码只读取了myfile.txt中的第一行，如果要读取所有的行，可以使用如下代码：

```
>>> with open('myfile.txt', 'r') as file:
        line = file.readline()
        while line != '':
            print(line.strip())      # 去除换行符
            line = file.readline()
Fuzhou University
Xiamen University
Peking University
```

8.3 目录操作

Python对目录的操作包括获取当前目录、转移到指定目录、新建目录、判断目录是否存在、显示目录内容、判断是目录还是文件、删除目录等。

在Python中，有两个模块可以完成目录操作，这里只介绍整合度更高的“os”模块。在接下来的内容中，如果没有特别说明，默认使用“import os”语句引用“os”模块。

8.3.1 获取当前目录

对于Python的目录操作，首先应该了解的就是查询和修改当前目录。在Windows系统的命令行工具中，可以直接查看到当前目录。但是在Python中，需要使用os.getcwd()函数获取当前目录，具体如下所示：

```
>>> import os
>>> os.getcwd()
'C:\\Python312'
```

8.3.2 转移到指定目录

在一些情况下，需要将当前目录转移到指定目录，这时就需要使用os.chdir()函数，这个函数相当于Windows系统中的“cd”命令，其作用是进入某个目录，具体如下所示：

```
>>> # 假设已经存在"C:\project"目录
>>> os.chdir(r"C:\project")
>>> os.getcwd()
'C:\\project'
```

在使用该函数时，推荐使用原始字符串来表示。否则在书写路径时，所有“\”都需要转义，既麻烦又容易出错。

8.3.3 新建目录

在修改当前目录时，有可能此目录并不存在，这时就需要使用新建目录的函数，即os.makedirs()函数。该函数相当于Windows系统中的“md”命令，其作用是输入一个参数path，如果该参数对应的目录不存在，则新建目录。在用os.makedirs()函数新建目录时，如果目录是嵌套状态，它会从最外层一直新建到最内层，非常方便，具体如下所示：

```
>>> # 在"C:\project"目录下创建"md"目录
>>> os.makedirs(r"C:\project\md")
```

8.3.4 判断目录是否存在

从上面的实例可以看出，在创建目录时，如果此目录已经存在，就无法创建成功，系统会报一个异常。所以在创建目录前，需要先判断目录是否存在，不存在再创建目录。可以使用os.path.exists()函数判断目录是否存在，具体如下所示：

```
>>> os.path.exists(r"C:\project\md")
True
```

8.3.5 显示目录内容

在了解目录存在后，往往需要知道目录里面有什么内容，这时就需要使用os.listdir()函数，该函数相当于Windows系统中的“dir”命令。为了演示该命令的使用方法，这里在上面的实例的基础上，在“C:\project”目录下自己手动新建一个没有扩展名的文件“cd”，新建一个文本文件“dir.txt”，再新建一个Word文件“rm.docx”，然后执行如下语句：

```
>>> import os
>>> os.getcwd()
'C:\\project'
>>> os.listdir()
['cd', 'dir.txt', 'md', 'rm.docx']
```

8.3.6 判断是目录还是文件

在上面的例子中需要注意一点，“md”是一个目录，而“cd”是一个没有扩展名的文件。但是，在os.listdir()函数的输出结果中，它们都是一个没有带点的字符串，很难判断其到底是目录还是文件。所以，需要使用os.path.isdir()和os.path.isfile()函数来判断其到底是目录还是文件，具体如下所示：

```
>>> os.getcwd()
'C:\\project'
>>> os.listdir()
['cd', 'dir.txt', 'md', 'rm.docx']
>>> os.path.isdir("md")
True
>>> os.path.isfile("cd")
True
```

8.3.7 删除目录

目录的删除操作需要使用os.rmdir()函数。这个函数相当于Windows系统中的“rm”命令，它们甚至连限制都是一样的。在各个操作系统中，单纯的删除目录命令是不能删除一个非空目录的，即目录里只要有子目录或者文件，就不能将其删除，否则会报错。具体实例如下：

```
>>> os.getcwd()
'C:\\project'
>>> os.listdir()
['cd', 'dir.txt', 'md', 'rm.docx']
>>> # 在"md"目录下新建"some"目录
>>> os.makedirs(r"md\some")
>>> os.listdir()
['cd', 'dir.txt', 'md', 'rm.docx']
>>> os.rmdir("md")              # 删除"md"目录会报错，因为"md"是非空目录
Traceback (most recent call last):
  File "<stdin>", line 1, in <module>
OSError: [WinError 145] 目录不是空的。: 'md'
>>> os.rmdir(r".\md\some")      # 删除"md"目录下的"some"目录
>>> # 这时，"md"目录是一个空目录，下面就可以成功执行删除操作
>>> os.rmdir("md")
>>> os.listdir()
['cd', 'dir.txt', 'rm.docx']
```

当然，除了非空目录不能删除以外，正在使用的目录也不能删除。比如，删除当前目录也是不能成功的，具体如下所示：

```
>>> os.rmdir( “.” )  # 执行以后会报错
```

在执行删除操作时，一定要做好异常处理，因为在编程时无法确定要删除的目录有没有被其他程序占用。

此外，Python还提供了一个shutil模块，该模块里提供了一些文件和目录的高阶操作，其中就包含可以级联删除目录的shutil.rmtree()函数，具体实例如下：

```
>>> os.getcwd()
'C:\\project'
>>> os.makedirs(r"me\some")
>>> import shutil
>>> shutil.rmtree("me")
>>> os.listdir()
['cd', 'dir.txt', 'rm.docx']
```

同样地，在使用shutil.rmtree()函数前也一定要做好异常处理，因为这个函数比os.rmdir()函数更有可能失败。

8.4 数据库

数据库是一种主流的数据存储和管理技术，它指的是以一定方式存储在一起、能为多个用户所共享、具有尽可能小的冗余度、与应用程序彼此独立的数据集。对数据库进行统一管理的软件

被称为“数据库管理系统”（Database Management System，DBMS），在不引起歧义的情况下，经常会混用“数据库”和“数据库管理系统”这两个概念。

在数据库的发展历史上，先后出现过网状数据库、层次数据库、关系数据库等不同类型的数据库。这些数据库分别采用了不同的数据模型（数据组织方式），目前比较流行的数据库是关系数据库，它采用了关系数据模型来组织和管理数据。

一个关系数据库可以看成许多关系表的集合，其中每个关系表可以看作一张二维表格，如表8-1所示的学生信息表。

表 8-1　学生信息表

学号	姓名	性别	年龄	考试成绩
95001	张三	男	21	88
95002	李四	男	22	95
95003	王梅	女	22	73
95004	林莉	女	21	96

目前市场上常见的关系数据库产品包括Oracle、SQL Server、MySQL等。因为关系数据库中的数据通常具有规范的结构，所以通常把保存在关系数据库中的数据称为“结构化数据”。与之相对应，图片、视频、声音等文件所包含的数据没有规范的结构，通常被称为“非结构化数据”。而类似网页文件（HTML文件）这种具有一定结构但又不是完全规范化的数据，则被称为“半结构化数据”。

总体而言，关系数据库具有如下特点。

（1）存储方式。关系数据库采用表格的存储方式，数据以行和列的方式进行存储，使得读取和查询都十分方便。

（2）存储结构。关系数据库按照结构化的方法存储数据，每个数据表的结构都必须事先定义好（如表的名称、字段名称、字段类型、约束等），然后根据表的结构存入数据。这样做的好处就是，由于数据表的形式和内容在存入数据之前就已经定义好了，所以整个数据表的可靠性和稳定性都比较高。但带来的问题是数据模型不够灵活，一旦存入数据，修改数据表的结构就会十分困难。

（3）存储规范。关系数据库为了使数据规范化、减少重复数据以及充分利用好存储空间，把数据按照最小关系表的形式进行存储，这样数据就可以很清晰、一目了然。当存在多个表时，表和表之间通过主外键关系建立关联，并通过连接查询获得相关结果。

（4）扩展方式。关系数据库将数据存储在数据表中，数据操作的瓶颈出现在对多张数据表的操作中，而且数据表越多，这个瓶颈越严重。要缓解这个瓶颈，只能提高处理能力，也就是选择运算速度更快、性能更高的计算机，这样虽然也有一定的拓展空间，但是这样的拓展空间是非常有限的，也就是说，一般的关系数据库只具备有限的纵向扩展能力。

（5）查询方式。关系数据库采用结构查询语言（Structure Query Language，SQL）对数据库进行查询。SQL是一种高级的非过程化编程语言，允许用户在高层数据结构上工作。它不要求用户指定数据存放方式，也不需要用户了解具体的数据存放方式，所以各种具有完全不同底层结构的数据库系统，都可以使用相同的SQL作为数据输入与管理的接口。SQL语句可以嵌套，这使它具有极高的灵活性和强大的功能。

（6）事务性。关系数据库可以支持事务的原子性、一致性、隔离性、持久性（Atomicity、Consistency、Isolation、Durability，ACID）。当事务被提交给数据库管理系统后，数据库管理系统需要确保事务中的所有操作都成功完成且其结果被永久保存在数据库中，如果事务中的某些操作没有成功完成，则事务中的所有操作都需要被回滚到事务执行前的状态，从而确保数据库状态的一致性。

（7）连接方式。不同的关系数据库产品都遵守一个统一的数据库连接接口标准，即开放式数据库互连（Open Database Connectivity，ODBC）。ODBC的一个显著优点是，用它生成的程序是与具体的数据库产品无关的，这样可以为数据库用户和开发人员屏蔽不同数据库异构环境的复杂性。ODBC提供了数据库访问的统一接口，为实现应用程序与平台的无关性和可移植性奠定了基础，因而获得了广泛的支持和应用。

8.5 关系数据库标准语言SQL

SQL是关系数据库的标准语言，也是一种通用的、功能极强的关系数据库语言，其功能不仅包括查询，还包括数据库创建、数据库数据的插入与修改、数据库安全性与完整性的定义等。

8.5.1 SQL简介

自从SQL成为关系数据库的国际标准语言，各个数据库厂家纷纷推出SQL软件或SQL的接口软件。这使得大多数数据库采用SQL作为数据存取语言和标准接口，使不同数据库系统之间的相互操作有了可能。SQL已经成为数据库领域中的主流语言，其意义十分重大。SQL的主要特点如下。

（1）综合统一。SQL集数据查询、数据操纵、数据定义和数据控制功能于一体，语言风格统一，可以独立完成数据库生命周期中的所有活动。

（2）高度非过程化。用SQL进行数据操作时，用户只要提出“做什么”，而无须指明“怎么做”，因此，用户无须了解存取路径。存取路径的选择以及SQL的操作过程都由系统自动完成。这不但大大减轻了用户负担，而且有利于提高数据的独立性。

（3）面向集合的操作方式。SQL采用集合操作方式，不仅操作对象和查找结果可以是记录的集合，而且一次插入、删除、更新操作的对象也可以是记录的集合。

（4）以同一种语法结构提供多种使用方式。作为独立的语言，SQL能够独立地用于联机交互，用户可以在终端键盘上直接输入SQL命令对数据库进行操作。作为嵌入式语言，SQL语句能够嵌入高级语言（如C、C++、Java和Python等）程序中，供程序员设计程序时使用。而在两种不同的使用方式下，SQL的语法结构基本上是一致的。这种以统一的语法结构提供多种使用方式的做法，提供了极大的灵活性与便利性。

（5）语言简洁，易学易用。SQL功能极强，但由于设计巧妙，语言十分简洁，完成核心功能只需要9个动词（包括Create、Drop、Insert、Update、Delete、Alter、Select、Grant和Revoke）。SQL接近英语口语，因此易于学习和使用。

8.5.2 常用的SQL语句

下面介绍一些常用的SQL语句，8.6节会结合MySQL数据库来讲解如何使用这些SQL语句。需要注意的是，SQL语句不区分大小写。

1．创建数据库

在使用数据库之前，需要创建数据库，具体语法形式如下：

```
CREATE DATABASE 数据库名称;
```

每条SQL语句的末尾以英文分号结束。

可以使用如下语句查看已经创建的所有数据库：

```
SHOW DATABASES;
```

创建好数据库以后，可以使用如下语句打开数据库：

```
USE 数据库名称;
```

2. 创建表

一个数据库包含多个表。创建一个表的语法形式如下：

```
CREATE TABLE 表名称
(
列名称1 数据类型,
列名称2 数据类型,
列名称3 数据类型,
...
);
```

表8-2所示为SQL中常用的数据类型。

表 8-2　SQL 中常用的数据类型

数据类型	描述
integer(size) int(size) smallint(size) tinyint(size)	仅容纳整数。括号内的size用于规定数字的最大位数
decimal(size,d) numeric(size,d)	容纳带有小数的数字。括号内的size用于规定数字的最大位数，d用于规定小数点右侧的最大位数
char(size)	容纳固定长度的字符串（可容纳字母、数字以及特殊字符）。括号内的size用于规定字符串的长度
varchar(size)	容纳可变长度的字符串（可容纳字母、数字以及特殊字符）。括号内的size用于规定字符串的最大长度

可以使用如下SQL语句查看所有已经创建的表：

```
SHOW TABLES;
```

3. 插入数据

可以使用INSERT INTO语句向表中插入新的记录，其语法形式如下：

```
INSERT INTO 表名称 VALUES (值1, 值2,…);
```

也可以指定所要插入数据的列：

```
INSERT INTO表名称(列1, 列2,…) VALUES (值1, 值2,…);
```

4．查询数据

可以使用SELECT语句从数据库中查询数据，其语法形式如下：

```
SELECT 列名称 FROM 表名称;
```

5．修改数据

可以使用UPDATE语句修改表中的数据，其语法形式如下：

```
UPDATE 表名称 SET 列名称 = 新值 WHERE 列名称 = 某值;
```

6．删除数据

可以使用DELETE语句从表中删除记录，其语法形式如下：

```
DELETE FROM 表名称 WHERE列名称 = 某值;
```

7．删除表

可以使用DROP TABLE语句从数据库中删除一个表，其语法形式如下：

```
DROP TABLE 表名称;
```

8．删除数据库

可以使用DROP DATABASE语句删除一个数据库，其语法形式如下：

```
DROP DATABASE 数据库名称;
```

8.6 MySQL的安装和使用

MySQL是一个关系数据库管理系统，由瑞典MySQL AB公司开发，现为Oracle公司旗下产品。MySQL是目前最流行的关系数据库管理系统之一，也是Web应用方面最好的数据库应用软件之一。

8.6.1 安装MySQL

访问MySQL官网，下载安装包mysql-installer-community-8.0.36.0.msi。

在安装时，需要选择“Full”，即完全安装，这会安装数据库服务器和客户端工具。安装完成后，MySQL数据库的后台服务进程会自动启动，这时就需要使用一个客户端工具来操作MySQL数据库，我们可以使用MySQL安装时自带的命令行界面作为客户端工具来操作数据库。具体方法是，在Windows的“开始”菜单中单击“MySQL 8.0 Command Line Client”图标，然后输入数据库密码（这个密码是在安装MySQL的过程中由用户自己设置的），就会出现图8-1所示界面，即MySQL Shell界面（或者称为MySQL命令行界面）。用户可以在命令提示符“mysql>”后输入SQL语句来执行数据库的各种操作。

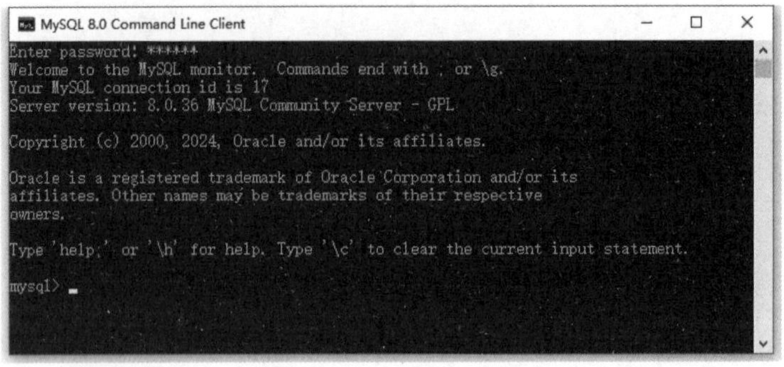

```
MySQL 8.0 Command Line Client
Enter password: ******
Welcome to the MySQL monitor.  Commands end with ; or \g.
Your MySQL connection id is 17
Server version: 8.0.36 MySQL Community Server - GPL

Copyright (c) 2000, 2024, Oracle and/or its affiliates.

Oracle is a registered trademark of Oracle Corporation and/or its
affiliates. Other names may be trademarks of their respective
owners.

Type 'help;' or '\h' for help. Type '\c' to clear the current input statement.

mysql> _
```

图8-1　MySQL命令行界面

8.6.2 MySQL的使用方法

下面给出一个综合实例来演示MySQL的使用方法，具体要求是：创建一个管理学生信息的数据库，把表8-3中的数据填充到数据库中，并完成相关的数据库操作。

表 8-3　学生表

学号	姓名	性别	年龄
95001	王小明	男	21
95002	张梅梅	女	20

打开MySQL命令行界面，输入如下SQL语句创建数据库school：

```
mysql> CREATE DATABASE school;
```

可以使用如下SQL语句查看已经创建的所有数据库：

```
mysql> SHOW DATABASES;
```

创建好数据库school以后，可以使用如下SQL语句打开数据库：

```
mysql> USE school;
```

使用如下SQL语句在数据库school中创建一个表student：

```
mysql>CREATE TABLE student(
    -> sno char(5),
    -> sname char(10),
    -> ssex char(2),
    -> sage int);
```

使用如下SQL语句查看已经创建的表：

```
mysql> SHOW TABLES;
```

使用如下SQL语句向表student中插入两条记录：

```
mysql> INSERT INTO student VALUES('95001','王小明','男',21);
```

```
mysql> INSERT INTO student VALUES('95002','张梅梅','女',20);
```

使用如下SQL语句查询表student中的记录：

```
mysql> SELECT * FROM student;
```

使用如下SQL语句修改表student中的数据：

```
mysql> UPDATE student SET age =21 WHERE sno='95001';
```

使用如下SQL语句删除表student：

```
mysql> DROP TABLE student;
```

使用如下SQL语句查询数据库中还存在哪些表：

```
mysql> SHOW TABLES;
```

使用如下SQL语句删除数据库school：

```
mysql> DROP DATABASE school;
```

使用如下SQL语句查询系统中还存在哪些数据库：

```
mysql> SHOW DATABASES;
```

8.7 使用Python操作MySQL数据库

使用Python操作MySQL数据库之前，需要安装第三方模块PyMySQL，它是Python中用于操作MySQL的模块。在Windows操作系统的“命令提示符”窗口中运行如下命令，安装PyMySQL：

```
> pip install PyMySQL
```

8.7.1 连接数据库

首先打开MySQL命令行界面，在MySQL数据库中创建一个名为school的数据库（如果已经存在该数据库，则需要先将其删除再创建）；然后编写如下代码发起对数据库的连接：

```
# mysql1.py
import pymysql.cursors
# 连接数据库
connect = pymysql.Connect(
    host='localhost',            # 主机名
    port=3306,                   # 端口号
    user='root',                 # 数据库用户名
    passwd='123456',             # 密码
    db='school',                 # 数据库名称
```

```
    charset='utf8'                #编码格式
)
# 获取游标
cursor = connect.cursor()
# 执行SQL查询
cursor.execute("SELECT VERSION()")
# 获取单条数据
version = cursor.fetchone()
# 输出
print("MySQL数据库版本是: %s" % version)
# 关闭数据库连接
connect.close()
```

上面代码的执行结果如下：

```
MySQL数据库版本是: 8.0.36
```

上面的代码创建了一个游标（Cursor），在数据库中，游标是一个十分重要的概念。游标提供了一种对从表中检索出的数据进行操作的灵活手段，就本质而言，游标实际上是一种能从包括多条数据记录的结果集中逐条提取记录的机制。游标总是与一条SQL选择语句相关联，因为游标由结果集（可以是0条、1条或由相关的选择语句检索出的多条记录）和结果集中指向特定记录的游标位置组成。当决定对结果集进行处理时，必须声明一个指向该结果集的游标。

8.7.2 创建表

在school数据库中创建一个表student，具体代码如下：

```
# mysql2.py
import pymysql.cursors
# 连接数据库
connect = pymysql.Connect(
    host='localhost',
    port=3306,
    user='root',
    passwd='123456'
    db='school',
    charset='utf8'
)
# 获取游标
cursor = connect.cursor()
# 如果表存在，则先删除
cursor.execute("DROP TABLE IF EXISTS student")
# 设定SQL语句
sql = """
CREATE TABLE student(
    sno char(5),
```

```
    sname char(10),
    ssex char(2),
    sage int);
"""
# 执行SQL语句
cursor.execute(sql)
# 关闭数据库连接
connect.close()
```

8.7.3 插入数据

把表8-3中的两条记录插入student表，具体代码如下：

```
# mysql3.py
import pymysql.cursors
# 连接数据库
connect = pymysql.Connect(
    host='localhost',
    port=3306,
    user='root',
    passwd='123456',
    db='school',
    charset='utf8'
)
# 获取游标
cursor = connect.cursor()
# 插入数据
sql = "INSERT INTO student(sno,sname,ssex,sage) VALUES ('%s', '%s', '%s', %d)"
data1 = ('95001','王小明','男',21)
data2 = ('95002','张梅梅','女',20)
cursor.execute(sql % data1)
cursor.execute(sql % data2)
connect.commit()
print('成功插入数据')
# 关闭数据库连接
connect.close()
```

8.7.4 修改数据

把学号为“95002”的学生的年龄修改为21岁，具体代码如下：

```
# mysql4.py
import pymysql.cursors
# 连接数据库
connect = pymysql.Connect(
```

```
    host='localhost',
    port=3306,
    user='root',
    passwd='123456',
    db='school',
    charset='utf8'
)
# 获取游标
cursor = connect.cursor()
# 修改数据
sql = "UPDATE student SET sage = %d WHERE sno = '%s' "
data = (21, '95002')
cursor.execute(sql % data)
connect.commit()
print('成功修改数据')
# 关闭数据库连接
connect.close()
```

8.7.5 查询数据

查询学号为“95001”的学生的具体信息，代码如下：

```
# mysql5.py
import pymysql.cursors
# 连接数据库
connect = pymysql.Connect(
    host='localhost',
    port=3306,
    user='root',
    passwd='123456',
    db='school',
    charset='utf8'
)
# 获取游标
cursor = connect.cursor()
# 查询数据
sql = "SELECT sno,sname,ssex,sage FROM student WHERE sno = '%s' "
data = ('95001',)        #元组中只有一个元素的时候需要加一个逗号
cursor.execute(sql % data)
for row in cursor.fetchall():
     print("学号:%s\t姓名:%s\t性别:%s\t年龄:%d" % row)
print('共查找出', cursor.rowcount, '条数据')
# 关闭数据库连接
connect.close()
```

8.7.6 删除数据

删除学号为“95002”的学生记录，具体代码如下：

```
# mysql6.py
import pymysql.cursors
# 连接数据库
connect = pymysql.Connect(
    host='localhost',
    port=3306,
    user='root',
    passwd='123456',
    db='school',
    charset='utf8'
)
# 获取游标
cursor = connect.cursor()
# 删除数据
sql = "DELETE FROM student WHERE sno = '%s'"
data = ('95002',)          #元组中只有一个元素的时候需要加一个逗号
cursor.execute(sql % data)
connect.commit()
print('成功删除', cursor.rowcount, '条数据')
# 关闭数据库连接
connect.close()
```

8.8 本章小结

文件是数据分析工作中经常采用的数据保存方式，本章简要介绍了文本文件、CSV文件、JSON文件的读写方法。此外，还介绍了Python对目录的操作方法。

数据库是按照数据结构来组织、存储和管理数据的仓库，是一个长期存储在计算机内的、有组织的、可共享的、统一管理的大量数据的集合。目前，Oracle、SQL Server、MySQL等数据库管理系统已经得到了广泛应用。学习Python语言时，掌握基本的数据库理论和操作方法是非常重要的。本章介绍了数据库的相关理论知识，并简要介绍了用Python语言操作MySQL数据库的基本方法。

8.9 习题

（1）请阐述关闭文件有哪两种方法。

（2）请阐述Python提供了哪几种方法来读取文件数据。

（3）请阐述Python对目录进行操作的具体方法。

（4）请阐述什么是数据库。

（5）请阐述数据库有哪些具有代表性的数据模型。

（6）请阐述关系数据库具有哪些特点。

（7）请阐述什么是事务的ACID。

（8）请阐述SQL语句有哪些特点。

实验4 文件和数据库操作初级实践

一、实验目的

（1）掌握使用Python语言操作文件的基本方法。

（2）掌握使用Python语言操作MySQL的基本方法。

二、实验平台

（1）操作系统：Windows 7及以上。

（2）Python版本：3.12.2版本。

（3）Python第三方库：PyMySQL。

三、实验内容

1．文件操作

（1）有一个文件，里面包含若干行英文句子，编写程序删除文件中所有包含单词“bad”的行。

（2）编写程序复制当前目录下的文件file1.txt，生成file2.txt。

（3）编写程序统计一个文件中的单词个数。

（4）编写程序创建文件data.txt，文件共100行，每行存放一个1 ~ 100的整数。

（5）编写程序打开一个文本文件，读取每行内容，然后按照反向顺序输出。比如，文件有3行，先输出第3行，再输出第2行，最后输出第1行。

（6）生成100个MAC（Medium Access Control，介质访问控制）地址并将其写入文件中，MAC地址前6位（十六进制）为“01-AF-3B”，一个完整的MAC地址的形式为“01-AF-3B-xx-xx-xx”。

（7）编写程序生成一个文件，里面包含1000行IP（Internet Protocol，互联网协议）地址，每行IP地址随机取自IP段210.34.59.1/254，读取该文件并统计出现频率排名前10的IP地址。

（8）有一个文件，每一行内容分别为商品名称、价格和数量，格式如下：

```
orange 20 5
book 100 3
pen 2 20
ball 15 4
```

通过代码，将其构建成如下所示的数据类型：

```
[{'name':'orange','price':20,'amount':5},{'name':'book','price':100,'amount':3},…]
```

最后，计算出所有商品的总金额。

2．数据库操作

现有以下3个表格（表8-4至表8-6）。

表 8-4 学生表：Student（主码为 Sno）

学号（Sno）	姓名（Sname）	性别（Ssex）	年龄（Sage）	所在系别（Sdept）
10001	Jack	男	21	CS
10002	Rose	女	20	SE
10003	Michael	男	21	IS
10004	Hepburn	女	19	CS
10005	Lisa	女	20	SE

表 8-5 课程表：Course（主码为 Cno）

课程号（Cno）	课程名（Cname）	学分（Credit）
00001	数据库	4
00002	数据结构	4
00003	算法	3
00004	操作系统	5
00005	计算机网络	4

表 8-6 选课表：SC（主码为 Sno、Cno）

学号（Sno）	课程号（Cno）	成绩（Grade）
10002	00003	86
10001	00002	90
10002	00004	70
10003	00001	85
10004	00002	77
10005	00003	88
10001	00005	91
10002	00002	79
10003	00002	83
10004	00003	67

编写程序完成以下题目。

（1）查询学号为“10002”的学生的所有成绩，结果中需包含学号、姓名、所在系别、课程号、课程名以及对应成绩。

（2）查询每位学生成绩大于“85”的课程，结果中需包含学号、姓名、所在系别、课程号、课程名以及对应成绩。

（3）由于培养计划更改，现需将课程号为“00001”、课程名为“数据库”的学分改为5。

（4）将学号为“10005”的学生的操作系统课程（00004）的成绩为 73 分这一记录写入选课表。

（5）将学号为“10003”的学生从这3个表中删除。

四、实验报告

<table>
<tr><td colspan="6">“Python程序设计基础”课程实验报告</td></tr>
<tr><td>题目：</td><td></td><td>姓名：</td><td></td><td>日期：</td></tr>
<tr><td colspan="6">实验环境：</td></tr>
<tr><td colspan="6">实验内容与完成情况：</td></tr>
<tr><td colspan="6">出现的问题：</td></tr>
<tr><td colspan="6">解决方案（列出出现的问题和解决方案，列出没有解决的问题）：</td></tr>
</table>

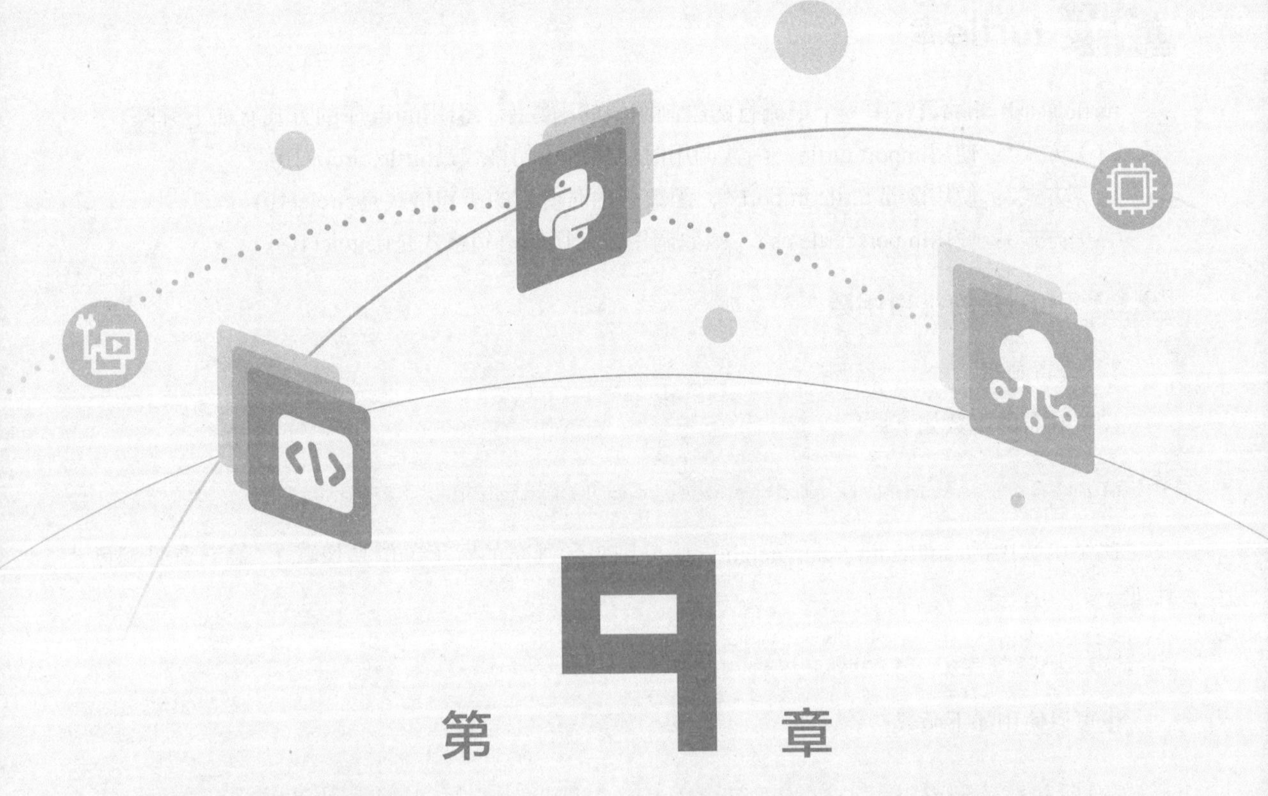

第 9 章

常用的标准库和第三方库

本章介绍Python中常用的标准库和第三方库，包括标准库turtle库、random库、time库、datetime库和math库，以及第三方库PyInstaller库、jieba库、wordcloud库和Pillow库。标准库是安装Python时自带的，不需要额外安装，而第三方库则需要额外安装。

9.1 turtle库

turtle库是Python语言中一个很流行的绘制图像的函数库。引用turtle库的方式有如下3种。

（1）方式1：使用import turtle，函数调用时使用的语句格式是turtle.circle(10)。

（2）方式2：使用from turtle import *，函数调用时使用的语句格式是circle(10)。

（3）方式3：使用import turtle as t，函数调用时使用的语句格式是t.circle(10)。

9.1.1 turtle的常用函数

1．设置画布

设置画布的函数如下：

```
turtle.screensize(canvwidth=None, canvheight=None, bg=None)
```

这个函数中的canvwidth、canvheight、bg分别表示画布的宽（单位是像素）、高、背景颜色，比如：

```
turtle.screensize(800,600, "green")
```

也可以使用如下函数：

```
turtle.setup(width=0.5, height=0.75, startx=None, starty=None)
```

在这个函数中，width、height表示画布的宽和高，如果输入的值为整数，则表示像素，如果输入的值为小数，则表示其占据计算机屏幕的比例。(startx, starty)这一坐标表示矩形窗口左上角顶点的位置，如果为空，则窗口位于屏幕中心。下面是两个实例：

```
turtle.setup(width=0.6,height=0.6)
turtle.setup(width=800,height=800, startx=100, starty=100)
```

2．设置画笔

可以设置画笔的宽度、画线颜色、画笔的移动速度，具体如下。

（1）turtle.pensize()：设置画笔的宽度。

（2）turtle.pencolor()：如果没有参数传入，则返回当前画笔颜色，如果有参数传入，则设置画笔颜色，传入参数可以是字符串，比如"green"、"red"，也可以是RGB三元组。

（3）turtle.speed(speed)：设置画笔的移动速度，画笔移动的速度范围是0 ~ 10的整数，数字越大速度越快。

3．绘图函数

表9-1、表9-2和表9-3分别给出了常用的画笔移动函数、画笔控制函数和其他函数。

表 9-1 画笔移动函数

函数	说明
turtle.forward(distance)	向当前画笔方向移动distance 像素长度
turtle.backward(distance)	向当前画笔相反方向移动distance 像素长度
turtle.right(degree)	顺时针移动degree°
turtle.left(degree)	逆时针移动degree°
turtle.pendown()	移动时绘制图形
turtle.goto(x,y)	将画笔移动到坐标为(x,y)的位置
turtle.penup()	提起笔移动，不绘制图形，用于另起一个地方绘制
turtle.circle()	画圆，半径为正（负），表示圆心在画笔的左边（右边）
turtle. setheading()	设置画笔当前行进方向的角度（角度坐标体系中的绝对角度）

表 9-2 画笔控制函数

函数	说明
turtle.fillcolor(colorstring)	绘制图形的填充颜色
turtle.color(color1, color2)	同时设置pencolor=color1, fillcolor=color2
turtle.filling()	返回当前是否处于填充状态
turtle.begin_fill()	准备开始填充图形
turtle.end_fill()	填充完成
turtle.hideturtle()	隐藏画笔的turtle形状
turtle.showturtle()	显示画笔的turtle形状

表 9-3 其他函数

函数	说明
turtle.mainloop()或turtle.done()	启动事件循环，调用Tkinter的mainloop()函数
turtle.delay(delay=None)	设置或返回以毫秒为单位的绘图延迟

9.1.2 绘图实例

1. 绘制五角星

下面的代码用于绘制一个五角星，绘制效果如图9-1所示。

```
# five-pointed-star.py
from turtle import Turtle
p = Turtle()
p.speed(3)
p.pensize(5)
p.color("black", "red")
p.begin_fill()
for i in range(5):
        p.forward(200)    #将箭头移到某一指定坐标
```

图9-1 绘制五角星

```
    p.right(144)        #当前方向上向右转动角度
p.end_fill()
```

2．绘制一条蛇

下面的代码用于绘制一条蛇，绘制效果如图9-2所示。

```
# snake.py
import turtle
turtle.setup(650,350,200,200)
turtle.penup()
turtle.forward(-250)
turtle.pendown()
turtle.pensize(25)
turtle.pencolor("purple")
turtle.setheading(-40)
for i in range(4):
    turtle.circle(40,80)
    turtle.circle(-40,80)
turtle.circle(40,80/2)
turtle.forward(40)
turtle.circle(16,180)
turtle.forward(40*2/3)
turtle.done()
```

图9-2 绘制一条蛇

3．绘制太阳花

下面的代码用于绘制一朵太阳花，绘制效果如图9-3所示。

```
# sun-flower.py
import turtle
import time
turtle.color("red", "yellow")
turtle.begin_fill()
for i in range(50):
    turtle.forward(200)
    turtle.left(170)
    turtle.end_fill()
turtle.mainloop()
```

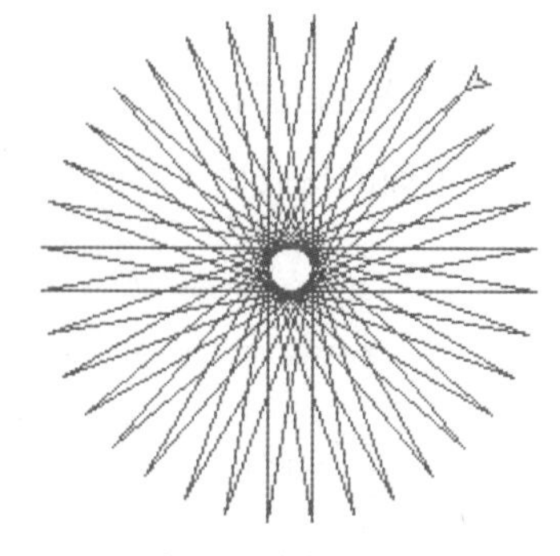

图9-3 绘制太阳花

4．绘制科赫曲线

科赫曲线是一种使用迭代方法生成的分形曲线。下面的代码给出了绘制科赫曲线的具体方法，绘制效果如图9-4所示。

```
# kohe.py
import turtle as t

# n：绘制的阶数。size：绘制线段的长度
def kohe(n,size):
    if n == 0:
        t.fd(size)
    else:
        for angle in [0,60,-120,60]:
            t.left(angle)
            kohe(n-1,size/3)
def main():
    t.setup(800,800)
    t.penup()
    t.goto(-300,-50)
    t.pendown()

    kohe(3,600)
    t.done()
    t.hideturtle()

main()
```

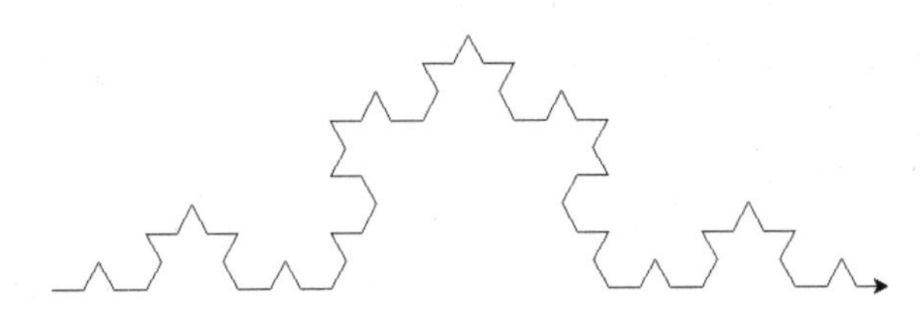
图9-4 绘制科赫曲线

利用科赫曲线可以生成很多漂亮的图形，比如，可以使用下面的代码绘制雪花（见图9-5）。

```
# snow.py
import turtle as t

# n：绘制的阶数。size：绘制线段的长度
def kohe(n,size):
    #基例 链条
    if n == 0:
        t.fd(size)
    else:
        for angle in [0,60,-120,60]:
            t.left(angle)
            kohe(n-1,size/3)
```

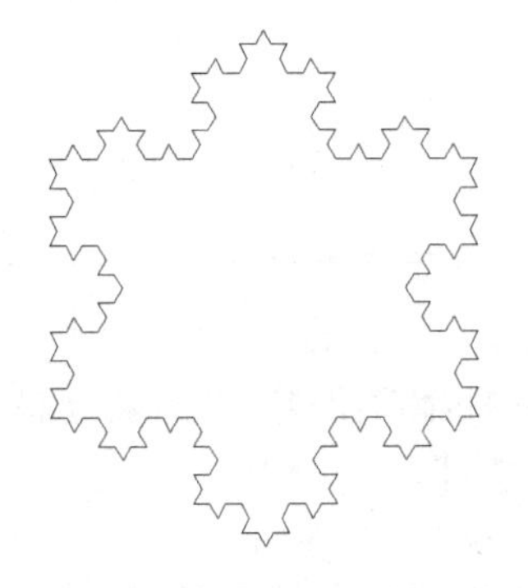
图9-5 利用科赫曲线绘制的雪花

```
def main():
      t.setup(800,800)
      t.penup()
      t.goto(-200,100)
      t.pendown()
      t.speed(1000)

      kohe(3,400)
      t.right(120)
      kohe(3, 400)
      t.right(120)
      kohe(3, 400)
      t.right(120)
      t.hideturtle()
      t.done()

main()
```

5. 绘制七段数码管

数码管是一种价格便宜、使用简单的发光电子器件，被广泛应用于价格较低的电子类产品中，其中，七段数码管最为常用。七段数码管由7条线组成，以图9-6所标识的画图顺序为准进行程序设计。七段数码管能够形成128种不同状态，其中，部分状态能够显示易于被人们理解的数字或字母，因此，它被广泛使用。

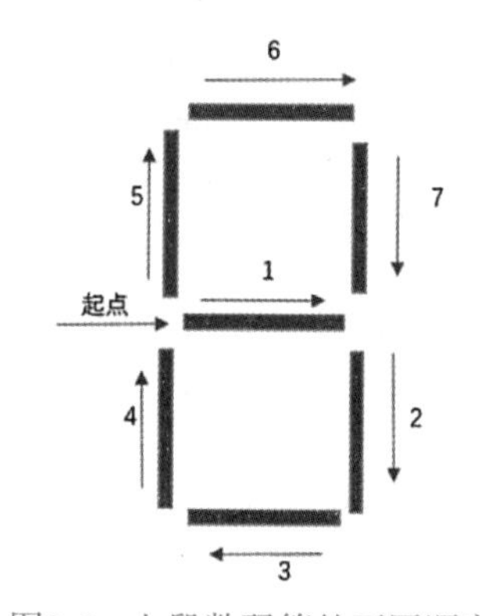

图9-6 七段数码管的画图顺序

这里介绍使用turtle绘制七段数码管的具体方法。

首先导入turtle并将其重命名为t。

```
import turtle as t
```

定义函数drawGap()用于绘制间隙，通过将画笔抬起，并让其向前移动5个单位，来实现间隙的绘制。

```
def drawGap():              # 绘制间隙
      t.penup()
      t.fd(5)               # 设置间隙大小
```

定义函数drawLine(draw)用于绘制线段，通过判断参数draw的布尔值，决定是否下笔绘制线段。如果draw的布尔值为True，则将画笔放下，向前移动40个单位；如果draw的布尔值为False，则将画笔抬起，向前移动40个单位。然后调用drawGap()函数绘制间隙，并将画笔右转90°，准备绘制下一组线段。

```
def drawLine(draw):         # 绘制数码管中的一条线段
       drawGap()
       t.pendown() if draw else t.penup()
```

```
    t.fd(40)
    drawGap()
    t.right(90)
```

之后，我们根据所要绘制的数字和字母定义函数drawDight(s)，图9-7所示为数字和字母的七段数码管显示效果。

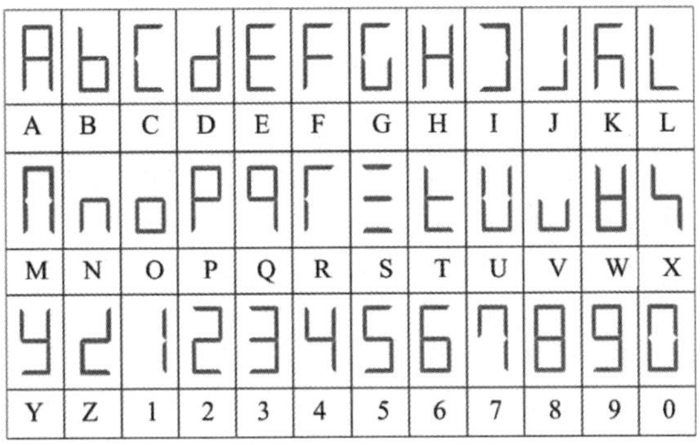

图9-7 数字和字母的七段数码管显示效果

以1号线段为例，数字中包含它的有2、3、4、5、6、8、9，字母中包含它的有a、b、d、e、f、h、k、n、o、p、q、s、t、w、x、y、z。然后定义drawDight(s)函数，根据字符s绘制七段数码管。根据不同的字符，调用drawLine(draw)函数绘制对应的线段。通过判断字符s的值，决定绘制哪些线段。每绘制完一组线段，将画笔左转90°，准备绘制下一组线段。

```
def drawDight(s): # 根据字符绘制七段数码管
    # 绘制1号线段
    drawLine(True) if s in ['2','3','4','5','6','8','9','a','b','d','e',
        'f','h','k','n','o','p','q','s','t','w','x','y','z'] else drawLine(False)
    # 绘制2号线段
    drawLine(True) if s in ['0','1','3','4','5','6','7','8','9','a','b',
        'd','g','h','i','j','k','m','n','o','q','u','v','w','x','y'] else
drawLine(False)
    # 绘制3号线段
    drawLine(True) if s in ['0','2','3','5','6','8','9','b','c','d','e',
        'g','i','j','l','o','s','t','u','v','w','y','z'] else drawLine(False)
    # 绘制4号线段
    drawLine(True) if s in ['0','2','6','8','a','b','c','d','e','f','g',
        'h','k','l','m','n','o','p','r','t','u','v','w','z'] else drawLine(False)

    t.left(90)

    # 绘制5号线段
    drawLine(True) if s in ['0','4','5','6','8','9','a','b','c','e',
        'f','g','h','k','l','m','p','q','r','t','u','w','x','y'] else
drawLine(False)
    # 绘制6号线段
```

```
    drawLine(True) if s in ['0','2','3','5','6','7','8','9','a','c','e',
        'f','g','i','k','m','p','q','r','s'] else drawLine(False)
    # 绘制7号线段
    drawLine(True) if s in ['0','1','2','3','4','7','8','9','a','d','h',
        'i','j','m','p','q','u','w','y','z'] else drawLine(False)

    t.right(180)
    t.penup()
    t.fd(30)
```

定义drawStr(Str)函数，用于依次绘制输入的字符串中的每个字符，通过遍历字符串中的每个字符，调用drawDight()函数进行绘制。

```
def drawStr(Str):
    for x in Str:
        drawDight(x)
```

定义main()函数，用于设置全局参数和执行绘制操作。在函数中，首先通过input()函数获取用户输入的字符串，并将其赋值给变量a。然后设置画笔颜色为红色，设置窗口大小为1280像素×720像素，隐藏画笔，设置绘图速度为0，即最快速度，将画笔抬起并向后移动400个单位（设置绘图起点），设置画笔大小为5。接着调用drawStr(a)函数来绘制用户输入的字符串。最后调用t.done()表示绘制完成。

```
def main():                        # 全局设置
    a=input('请输入一段字符：')
    t.pencolor('red')              # 设置画笔颜色
    t.setup(1280,720)              # 设置窗口大小
    t.hideturtle()                 # 隐藏画笔
    t.speed(0)                     # 设置绘图速度
    t.penup()
    t.fd(-400)                     # 设置绘图起点
    t.pensize(5)                   # 设置画笔大小
    drawStr(a)
    t.done()
```

最后调用main()函数来执行整个绘制过程。

```
main()
```

绘制七段数码管的完整代码见draw_seven_seg_display.py。

```
# draw_seven_seg_display.py
import turtle as t
def drawGap():                     # 绘制间隙
    t.penup()
    t.fd(5)                        # 设置间隙大小
```

```
def drawLine(draw):                     # 绘制数码管中的一组线段
    drawGap()
    t.pendown() if draw else t.penup()
    t.fd(40)
    drawGap()
    t.right(90)
def drawDight(s):                       # 根据字符绘制七段数码管
    # 绘制1号线段
    drawLine(True) if s in ['2','3','4','5','6','8','9','a','b','d','e',
        'f','h','k','n','o','p','q','s','t','w','x','y','z'] else drawLine (False)
    # 绘制2号线段
    drawLine(True) if s in ['0','1','3','4','5','6','7','8','9','a','b',
        'd','g','h','i','j','k','m','n','o','q','u','v','w','x','y'] else
drawLine(False)
    # 绘制3号线段
    drawLine(True) if s in ['0','2','3','5','6','8','9','b','c','d','e',
        'g','i','j','l','o','s','t','u','v','w','y','z'] else drawLine(False)
    # 绘制4号线段
    drawLine(True) if s in ['0','2','6','8','a','b','c','d','e','f','g',
        'h','k','l','m','n','o','p','r','t','u','v','w','z'] else drawLine(False)

    t.left(90)

    # 绘制5号线段
    drawLine(True) if s in ['0','4','5','6','8','9','a','b','c','e',
        'f','g','h','k','l','m','p','q','r','t','u','w','x','y'] else
drawLine(False)
    # 绘制6号线段
    drawLine(True) if s in ['0','2','3','5','6','7','8','9','a','c','e',
        'f','g','i','k','m','p','q','r','s'] else drawLine(False)
    # 绘制7号线段
    drawLine(True) if s in ['0','1','2','3','4','7','8','9','a','d','h',
        'i','j','m','p','q','u','w','y','z'] else drawLine(False)

    t.right(180)
    t.penup()
    t.fd(30)
def drawStr(Str):
    for x in Str:
        drawDight(x)
def main():                             # 全局设置
    a=input('请输入一段英文字符：')
    t.pencolor('red')                   # 设置画笔颜色
    t.setup(1280,720)                   # 设置窗口大小
    t.hideturtle()                      # 隐藏画笔
```

```
    t.speed(0)                      # 设置绘图速度
    t.penup()
    t.fd(-400)                      # 设置绘图起点
    t.pensize(5)                    # 设置画笔大小
    drawStr(a)
    t.done()
main()
```

运行代码文件draw_seven_seg_display.py，输入“hello python”，就可以得到图9-8所示的七段数码管效果。

图9-8 代码运行效果

9.2 random库

random库是用来生成随机数的Python标准库，其主要包含以下两类函数。

（1）基本随机数函数，比如seed()、random()等。

（2）扩展随机数函数，比如randint()、getrandbits()、uniform()、randrange()、choice()、shuffle()等。

9.2.1 基本随机数函数

Python是通过使用随机数种子来生成随机数的，只要随机数种子相同，生成的随机序列中，无论是每一个数，还是数与数之间的关系都是确定的，所以随机数种子决定了随机序列的生成。seed()函数用来初始化给定的随机数种子，默认为当前系统时间。具体实例如下：

```
>>> import random
>>> random.seed(8)                  #随机数种子取值为8
>>> random.random()
0.2267058593810488
>>> random.random()
0.9622950358343828
>>> random.seed(8)                  #随机数种子取值为8
>>> random.random()
0.2267058593810488                  #生成的随机数可以重现
>>> random.random()
0.9622950358343828                  #生成的随机数可以重现
>>> random.seed()                   #随机数种子取值为当前系统时间
>>> random.random()
0.9159875847083423
>>> random.random()
0.9737887393351271
>>> random.seed()                   #随机数种子取值为当前系统时间
```

```
>>> random.random()
0.1830387102446276                    #生成的随机数不可以重现
>>> random.random()                   #生成的随机数不可以重现
0.7392871445268515
```

从上面的实例可以看出，当随机数种子一样时（比如，都取值为8），random()产生的随机数是可以重现的。但是，如果不使用随机数种子，seed()函数使用的是当前系统时间，后面产生的结果是完全不可重现的。

9.2.2 扩展随机数函数

1．randint(a,b)

生成一个[a,b]范围内的整数，实例如下：

```
>>> import random
>>> random.randint(1,10)
7
```

2．getrandbits(k)

生成一个k比特长的随机整数，实例如下：

```
>>> import random
>>> random.getrandbits(8)
79
```

3．uniform(a,b)

生成一个[a,b]范围内的随机小数，实例如下：

```
>>> import random
>>> random.uniform(1,10)
8.922182714902174
```

4．randrange(m,n[,k])

用于生成一个[m,n)范围内以k为步长的随机整数，当省略k时，默认步长为1，实例如下：

```
>>> import random
>>> random.randrange(1,10)
2
>>> random.randrange(1,10)
8
>>> random.randrange(1,10)
3
>>> random.randrange(1,10,2)
5
>>> random.randrange(1,10,2)
```

```
1
>>> random.randrange(1,10,2)
3
```

5．choice(seq)

从序列seq中随机选择一个元素，实例如下：

```
>>> import random
>>> random.choice([1,2,3,4,5,6,7,8,9])
2
>>> random.choice([1,2,3,4,5,6,7,8,9])
3
>>> random.choice([1,2,3,4,5,6,7,8,9])
4
>>> random.choice([1,2,3,4,5,6,7,8,9])
6
```

6．shuffle(seq)

将序列seq中的元素随机排列，返回随机排列以后的序列，实例如下：

```
>>> import random
>>> s=[1,2,3,4,5,6,7,8,9]
>>> random.shuffle(s)
>>> print(s)
[3, 6, 1, 4, 2, 7, 5, 8, 9]
```

9.3 time库

Python包含若干个能够处理时间的库，time库就是其中最基本的一个，它是Python中处理时间的标准库。time库能够表达计算机时间，提供获取系统时间并将其格式化输出的方法，而且能够提供系统级精确计时功能。

time库包含3类函数。

（1）时间获取函数，比如time()、ctime()、gmtime()等。

（2）时间格式化函数，比如strftime()、strptime()等。

（3）程序计时函数，比如perf_counter()、sleep()等。

9.3.1 时间获取函数

1．time()

time()用于获取当前时间戳，即当前系统内表示时间的一个浮点数，实例如下：

```
>>> import time
>>> time.time()
```

```
1717143694.065471
```

2．ctime()

ctime()用于获取当前时间，并返回一个以人类可读方式表示的字符串，实例如下：

```
>>> import time
>>> time.ctime()
'Fri May 31 16:21:52 2024'
```

3．gmtime()

gmtime()用于获取当前时间，并返回一个计算机可处理的时间格式，实例如下：

```
>>> import time
>>> time.gmtime()
time.struct_time(tm_year=2024, tm_mon=5, tm_mday=31, tm_hour=8, tm_min=22, tm_sec=20, tm_wday=4, tm_yday=152, tm_isdst=0)
```

9.3.2 时间格式化函数

时间格式化是将时间以合适的方式展示出来的方法，类似于字符串格式化，展示模板由特定格式化控制符组成。

1．strftime(tpl,ts)

tpl是格式化模板字符串（时间格式化字符串说明见表9-4），用来定义输出效果，ts是系统内部时间类型的变量，实例如下：

```
>>> import time
>>> t=time.gmtime()
>>> time.strftime("%Y-%m-%d %H:%M:%S",t)
'2024-05-31 07:55:31'
>>> time.strftime("%Y-%B-%d-%A-%H-%p-%S")
'2024-May-31-Friday-15-PM-45'
>>> time.strftime("%A-%p")
'Friday-PM'
>>> time.strftime("%M:%S")
'55:55'
```

表9-4 时间格式化字符串说明

时间格式化字符串	日期/时间说明	取值范围和实例
%Y	年份	0000～9999，例如，1800
%m	月份	01～12，例如，8
%B	月份名称	January～December 例如，July
%b	月份名称简写（3个字符）	Jan～Dec，例如，Apr
%d	日期	01～31，例如，25

续表

时间格式化字符串	日期/时间说明	取值范围和实例
%A	星期	Monday ~ Sunday，例如，Tuesday
%a	星期缩写（3个字符）	Mon ~ Sun，例如，Wed
%H	小时（24小时）	00 ~ 23，例如，15
%h	小时（12小时）	01 ~ 12，例如，9
%p	上/下午	AM/PM，例如，AM
%M	分钟	00 ~ 59，例如，34
%S	秒	00 ~ 59，例如，42

2．strptime(str,tpl)

str是字符串形式的时间值，tpl是格式化模板字符串，用来定义输入效果，实例如下：

```
>>> import time
>>> timeStr='2025-12-22 11:23:25'
>>> time.strptime(timeStr,"%Y-%m-%d %H:%M:%S")
time.struct_time(tm_year=2025, tm_mon=12, tm_mday=22, tm_hour=11, tm_
min=23, tm_sec=25, tm_wday=0, tm_yday=356, tm_isdst=-1)
```

9.3.3 程序计时函数

程序计时是指测量程序从开始到结束所经历的时间，主要包括测量时间和产生时间两部分。time库提供了一个非常精准的测量时间函数perf_counter()，该函数可以获取CPU（Central Processing Unit，中央处理器）以其频率运行的时钟，这个时间往往是以纳秒来计算的，所以用该函数获取的时间非常精准。time库提供的产生时间函数sleep()可以让程序休眠一段时间。

1．perf_counter()

perf_counter()会返回系统运行时间，由于返回值的基准点是未定义的，所以只有连续调用的结果之间的差值才是有效的，实例如下：

```
>>> import time
>>> start=time.perf_counter()
>>> print(start)
1497.733367483
>>> end=time.perf_counter()
>>> print(end)
1522.141805637
>>> end-start
24.408438154000123
```

2．sleep(s)

在sleep(s)中，s为休眠时间，单位是秒，可以是浮点数，实例如下：

```
>>> import time
```

```
>>> def wait():
        time.sleep(4.5)
>>> wait()
```

3．应用实例

这里使用程序计时函数perf_counter()和sleep(s)实现实时显示程序执行进度的效果，具体代码如下：

```
#program_process.py
import time
scale = 40
print('执行开始')
start = time.perf_counter()
for i in range(scale+1):
   a = '*' * i
   b = '.' * (scale - i)
   c = (i / scale) * 100
   dur = time.perf_counter() - start
   print("\r{:^3.0f}%[{}->{}]{:.2f}".format(c,a,b,dur))
   time.sleep(0.1)
print('\n'+'执行结束')
```

上述代码的执行结果如图9-9所示。

```
执行开始
 0 %[->........................................]0.00
 2 %[*->.......................................]0.10
 5 %[**->......................................]0.21
 8 %[***->.....................................]0.32
10 %[****->....................................]0.43
12 %[*****->...................................]0.54
15 %[******->..................................]0.65
18 %[*******->.................................]0.76
20 %[********->................................]0.87
22 %[*********->...............................]0.97
25 %[**********->..............................]1.08
28 %[***********->.............................]1.18
30 %[************->............................]1.29
32 %[*************->...........................]1.39
35 %[**************->..........................]1.50
38 %[***************->.........................]1.61
40 %[****************->........................]1.72
42 %[*****************->.......................]1.83
45 %[******************->......................]1.93
48 %[*******************->.....................]2.04
50 %[********************->....................]2.15
52 %[*********************->...................]2.26
55 %[**********************->..................]2.36
58 %[***********************->.................]2.49
60 %[************************->................]2.62
62 %[*************************->...............]2.74
65 %[**************************->..............]2.86
68 %[***************************->.............]2.98
70 %[****************************->............]3.10
72 %[*****************************->...........]3.22
75 %[******************************->..........]3.36
78 %[*******************************->.........]3.49
80 %[********************************->........]3.63
82 %[*********************************->.......]3.74
85 %[**********************************->......]3.87
88 %[***********************************->.....]4.00
90 %[************************************->....]4.12
92 %[*************************************->...]4.24
95 %[**************************************->..]4.36
98 %[***************************************->.]4.50
100%[****************************************->]4.61

执行结束
```

图9-9 实时显示程序执行进度的效果

9.4 datetime库

Python中的time库和datetime库都提供了处理时间相关操作的基本功能。time库主要用于处理时间戳和一些基本的时间操作，而datetime库提供了更丰富的日期和时间处理功能，包括日期和时间对象的创建、比较、运算和格式化等。我们可以根据不同的需求结合使用time库和datetime库，有效地处理Python程序中与时间相关的任务（从简单的时间测量到复杂的日期和时间操作）。如果只需要表示和处理时间，使用time库即可。如果需要处理日期和时间，包括进行日期计算、格式化等操作，那么还需要使用datetime库。另外，由于time库在2038年将不能再使用，因此datetime库在未来将成为更好的选择。

9.4.1 datetime库概述

Python的datetime库是一个强大的工具，用于处理与日期和时间相关的操作，主要包括以下功能。

（1）创建日期和时间对象：可以使用datetime类创建日期和时间对象，并指定年、月、日、时、分、秒等参数。

（2）获取当前日期和时间：通过datetime.now()方法可以获取当前的日期和时间。

（3）获取日期和时间的各个部分：可以使用year、month、day、hour、minute、second等属性分别获取日期和时间的各个部分。

（4）比较日期和时间：可以使用比较运算符（如==、!=、<、>、<=、>=）对日期和时间进行比较。

（5）计算日期和时间的差值：可以使用timedelta对象计算两个日期和时间之间的差值，得到相差的天数、秒数等。

（6）格式化日期和时间：通过strftime()方法可以将日期和时间对象格式化为指定的字符串。

（7）解析字符串为日期和时间：使用strptime()方法可以将字符串解析为日期和时间对象。

（8）时区转换：利用astimezone()方法可以将日期和时间对象转换为指定的时区。

（9）日期和时间的算术运算：可以使用加法和减法运算符对日期和时间进行加减运算。

datetime库以类的方式提供多种日期和时间表达方式。

（1）datetime.date：表示日期的类，包含年、月、日3个成员变量。

（2）datetime.datetime：表示日期和时间的类，包含年、月、日、时、分、秒、微秒等成员变量。

（3）datetime.time：表示时间的类，通常与datetime.datetime类一起使用，用于描述时间部分。

（4）datetime.timedelta：表示时间间隔的类，常用于日期的加减运算。

（5）datetime.tzinfo：表示时区的相关信息的类，通常不直接使用，而是使用其子类来实现具体的时区功能。

上面的5个类中，datetime.datetime类提供的功能最为丰富，因此，本节主要介绍这个类的使用方法。

9.4.2 datetime.datetime类

datetime.datetime类的使用方法是，首先创建一个datetime对象，然后通过对象的方法和属性显示时间。datetime.datetime类主要包括以下几个方法。

（1）now()：获取当前日期和时间。

（2）strftime(format)：将日期和时间格式化为字符串。

（3）strptime(date_string, format)：将字符串解析为日期和时间对象，其中，date_string表示字符串；format表示时间格式化字符串，时间格式化字符串的用法见表9-4。

（4）weekday()：获取指定日期是星期几，返回值为0（星期一）~6（星期日）。

下面是具体应用实例：

```
>>> from datetime import datetime
>>> # 获取当前日期和时间
>>> now = datetime.now()
>>> print(now)
2024-06-05 15:12:59.475915
>>> # 创建特定的日期和时间对象
>>> specific_time = datetime(2024, 6, 5, 12, 0, 0)
>>> print(specific_time)
2024-06-05 12:00:00
>>> # 格式化日期和时间
```

```
>>> formatted_time = now.strftime("%Y-%m-%d %H:%M:%S")
>>> print(formatted_time)
2024-06-05 15:12:59
>>> # 计算两个日期之间的差值
>>> delta = timedelta(days=1)
>>> tomorrow = now + delta
>>> print(tomorrow)
2024-06-06 15:12:59.475915
>>> # 创建时间字符串
>>> date_string = "2024-04-01 14:30:45"
>>> # 定义时间格式化字符串
>>> format = "%Y-%m-%d %H:%M:%S"
>>> # 使用strptime解析字符串
>>> parsed_date = datetime.strptime(date_string, format)
>>> print(parsed_date)
2024-04-01 14:30:45
>>> # 获取指定日期是星期几
>>> weekday_number = specific_time.weekday()
>>> print(weekday_number)
2
```

9.5 PyInstaller库

PyInstaller库用于将Python源代码文件转换成EXE格式的可执行文件。

在Windows系统中，打开“命令提示符”窗口，执行如下命令就可以在Python 3.x环境中安装PyInstaller库了：

```
> pip install pyinstaller
```

PyInstaller库的常用参数如表9-5所示。

表9-5 PyInstaller库的常用参数

参数	作用
-h	查看帮助
--clean	清理打包过程临时文件
-D	默认值，生成dist文件夹
-F	只在dist文件夹中生成打包文件
-i<图标文件名.ico>	指定打包文件使用的图标文件

PyInstaller库的最简单的使用方法是：

```
pyinstaller -F <文件名.py>
```

假设已经有一个代码文件“C:\mycode\hello.py”，文件里面只有一行代码“print("Hello World")”，可以使用如下命令生成可执行文件：

```
> cd C:\mycode
> pyinstaller -F hello.py
```

执行完上述命令以后，在“C:\mycode”文件夹下会生成3个新的文件夹，分别是__pycache__、build和dist，进入dist文件夹，里面就包含一个可执行文件hello.exe，双击该文件就可以执行。

9.6 jieba库

9.6.1 jieba库简介

jieba库是一款流行的Python第三方中文分词库。jieba分词采用的是基于统计的分词方法，首先给定大量已经分好词的文本，利用机器学习的方法学习分词规律，然后保存训练好的模型，从而实现对新的文本的分词。具体而言，分词包括如下步骤。

（1）加载自带的字典，生成trie树。

（2）给定待分词的文本，使用正则表达式获取连续的中文字符和英文字符，将其切分成短语列表。对每个短语使用DAG（Directed Acyclic Graph，有向无环图）和动态规划，得到最大概率路径，对DAG中那些没有在字典中查到的字符，将其组合成一个新的片段短语，使用HMM（Hidden Markov Model，隐马尔可夫模型）进行分词，也就是识别新词，即识别字典外的新词。

（3）使用Python的yield语法生成一个词语生成器，将词语逐个返回。

jieba中文分词支持以下3种分词模式。

（1）精确模式：试图将文本以最精确的方式进行切分，不存在冗余数据，适用于文本分析。

（2）全模式：将文本中所有可能的词语都切分出来，速度很快，但是存在冗余数据。

（3）搜索引擎模式：在精确模式的基础上，对长词进行再次切分，以提高召回率，适用于搜索引擎分词。

表9-6所示为jieba库的常用函数及其说明。

表 9-6 jieba 库的常用函数及其说明

函数	说明
jieba.cut(s)	精确模式，返回一个可迭代的数据类型
jieba.cut(s,cut_all= True)	全模式，输出s中的所有可能词语
jieba.cut_for_search(s)	搜索引擎模式
jieba.lcut(s)	精确模式，返回一个列表类型
jieba.lcut(s,cut_all= True)	全模式，返回一个列表类型
jieba.lcut_for_search(s)	搜索引擎模式，返回一个列表类型
jieba.add_word(w)	向分词词典中增加新词w

9.6.2 jieba库的安装和使用

在Windows系统中，打开cmd窗口，执行如下命令就可以在Python 3.x环境中安装jieba库：

```
> pip install jieba
```

新建一个代码文件jieba_test.py，内容如下：

```
# -*- coding: utf-8 -*-
# jieba_test.py
import jieba
#全模式
text ="我来到厦门大学数据库实验室"
seg_list = jieba.cut(text, cut_all=True)
print(u"[全模式]: ","/ ".join(seg_list))

#精确模式
seg_list = jieba.cut(text, cut_all=False)
print(u"[精确模式]: ", "/ ".join(seg_list))

#默认是精确模式
seg_list = jieba.cut(text)
print(u"[默认模式]: ", "/ ".join(seg_list))

#搜索引擎模式
seg_list = jieba.cut_for_search(text)
print(u"[搜索引擎模式]: ", "/ ".join(seg_list))
```

代码的执行结果如下：

```
[全模式]: 我/ 来到/ 厦门/ 厦门大学/ 大学/ 数据/ 数据库/ 据库/ 实验/ 实验室
[精确模式]: 我/ 来到/ 厦门大学/ 数据库/ 实验室
[默认模式]: 我/ 来到/ 厦门大学/ 数据库/ 实验室
[搜索引擎模式]: 我/ 来到/ 厦门/ 大学/ 厦门大学/ 数据/ 据库/ 数据库/ 实验/ 实验室
```

9.6.3 应用实例

这里给出一个具体应用实例，其完成的功能是：给定一段文本，使用jieba分词对该文本进行分词，并统计出出现次数排在前3位的词语，具体实现代码如下：

```
# -*- coding: utf-8 -*-
#wordcount.py
import jieba

text="厦门大学设有研究生院、6个学部、30个学院和16个研究院，形成了包括人文科学、社会科学、自然科学、工程与技术科学、管理科学、艺术科学、医学科学等学科门类在内的完备学科体系。学校现有18个学科进入ESI全球前1%，拥有5个一级学科国家重点学科、9个二级学科国家重点学科。学校设有32个博士后流动站；36个博士学位授权一级学科，45个硕士学位授权一级学科；8个交叉学科；1个博士专业学位学科授权类别，28个硕士专业学位学科授权类别。"
words = jieba.cut(text)              # 使用精确模式对文本进行分词
counts = {}                          # 通过键值对的形式存储词语及其出现的次数
```

```
    for word in words:
        if len(word) == 1:          # 不对单个字的词语进行统计
            continue
        else:
            counts[word] = counts.get(word, 0) + 1      # 词语每出现一次，其对应的次
数加 1

    items = list(counts.items())
    items.sort(key=lambda x: x[1], reverse=True)       # 根据词语出现的次数进行从大
到小排序

    for i in range(3):
        word, count = items[i]
        print("{0:<4}{1:>4}".format(word, count))
```

9.7 wordcloud库

wordcloud库是优秀的词云展示第三方库，它可以根据文本中词语出现的频率等参数绘制词云，而且词云的绘制形状、尺寸和颜色都可以设定。

Python安装完成后，默认是没有安装wordcloud库的，需要单独安装。在Windows系统中打开cmd窗口，执行如下命令安装wordcloud库：

```
> pip install wordcloud
```

在使用wordcloud库制作词云时，首先要声明一个WordCloud对象，语法格式如下：

```
w=wordcloud.WordCloud(<参数>);
```

对于一个WordCloud对象w，它可以使用的基本函数如下。

- w.generate()：向WordCloud对象中加载文本。
- w.to_file(filename)：将词云输出为图像文件（PNG或JPG格式）。

对于一个WordCloud对象w，可以配置表9-7所示的各种参数。

表 9-7 WordCloud 对象的配置参数

参数	描述
width	指定词云对象生成图片的宽度，默认为400像素 实例：w=wordcloud.WordCloud(width=500)
height	指定词云对象生成图片的高度，默认为200像素 实例：w=wordcloud.WordCloud(height=300)
min_font_size	指定词云中字体的最小字号，默认为4号 实例：w=wordcloud.WordCloud(min_font_size=10)
max_font_size	指定词云中字体的最大字号，根据高度自动调节 实例：w=wordcloud.WordCloud(max_font_size=20)

续表

参数	描述
font_step	指定词云中字体字号的步进间隔，默认为1 实例：w=wordcloud.WordCloud(font_step=2)
font_path	指定字体文件的路径，默认为None 实例：w=wordcloud.WordCloud(font_path="msyh.ttc")
max_words	指定词云显示的最大词语数量，默认为200 实例：w=wordcloud.WordCloud(max_words=20)
stop_words	指定词云的排除词语列表，即不显示的词语列表 实例：w=wordcloud.WordCloud(stop_words="Python")

mask	指定词云形状，默认为长方形
	实例：
	import imageio #需要事先安装imageio
	mk=imageio.imread("pic.png")
	w=wordcloud.WordCloud(mask=mk)

background_color	指定词云图片的背景颜色，默认为黑色 实例：w=wordcloud.WordCloud(background_color="white")

绘制词云包含以下3个主要步骤。

- 配置对象参数。
- 加载词云文本。
- 输出文本。

下面是制作词云的简单实例：

```
# wordcloud_university.py
import jieba
import wordcloud
txt="厦门大学设有研究生院、6个学部、30个学院和16个研究院，形成了包括人文科学、社会科学、自然科学、工程与技术科学、管理科学、艺术科学、医学科学等学科门类在内的完备学科体系。学校现有18个学科进入ESI全球前1% ，拥有5个一级学科国家重点学科、9个二级学科国家重点学科。学校设有32个博士后流动站；36个博士学位授权一级学科，45个硕士学位授权一级学科；8个交叉学科；1个博士专业学位学科授权类别，28个硕士专业学位学科授权类别。"
w=wordcloud.WordCloud(width=1000,font_path="C:\\Windows\\Fonts\\simhei.ttf",height=700)
w.generate(" ".join(jieba.lcut(txt)))
w.to_file("university.png")
```

程序执行成功后会生成一个名为“university.png”的词云图片（见图9-10）。需要注意的是，在font_path="C:\\Windows\\Fonts\\simhei.ttf"设置中，一定要确保在你的Windows 系统中存在simhei.ttf这个中文字体文件，如果该文件不存在，则需要将其替换成Windows 系统中存在的一种中文字体文件，否则，词云图片会显示为乱码。

图9-10 一个词云的简单实例

9.8 Pillow库

Pillow（Python Imaging Library Fork）库是一个功能强大的Python图像处理库，它是PIL（Python Imaging Library，Python图形处理库）的一个分支。PIL已经停止维护，因为Pillow库应运而生并继承了PIL的全部功能，同时还增加了新的特性和对Python 3.x的支持。Pillow库提供了广泛的图像文件格式支持和各种图像处理功能，使Python开发者能够轻松地对图像进行各种操作。

9.8.1 Pillow库概述

Pillow库的主要特点和功能如下。

（1）图像文件格式支持：Pillow库支持大量的图像文件格式，包括但不限于JPEG（Joint Photographic Experts Group，联合图像专家组）、PNG（Portable Network Graphic，可移植的网络图像）、BMP（Bitmap，位图）、GIF（Graphic Interchange Format，可交换图像数据格式）、TIFF（Tag Image File Format，标记图像文件格式）、SVG（Scalable Vector Graphics，可缩放矢量图形）等。开发者可以轻松地读取、编辑和保存这些格式的图像。

（2）图像处理功能：Pillow库提供了丰富的图像处理功能，如图像的缩放、裁剪、旋转、翻转、色彩调整（如亮度、对比度、饱和度、色相调整等）、滤镜效果（如模糊、锐化、边缘检测等）、合成（如透明度调整、图层叠加等）等。

（3）像素级操作：Pillow库允许开发者直接访问和操作图像的像素数据。开发者可以读取像素值，对它们进行修改，然后将修改后的数据写回图像中。

（4）图像显示：Pillow库支持将图像显示在屏幕上，通常配合Tkinter或其他GUI（Graphical User Interface，图形用户界面）库使用。

（5）文字绘制：Pillow库支持在图像上绘制文字，用它可以设置文字内容、字体、字号、颜色等属性。

（6）图像分析：Pillow库提供了一些基本的图像分析功能，如计算图像的直方图、获取图像的统计信息等。

（7）图像转换：Pillow库可以将图像转换为不同的颜色模式[如RGB、CMYK（Cyan Magenta Yellow Black，四分色）、灰度等]，以适应不同的输出需求。

（8）性能优化：虽然Pillow库是用纯Python编写的，但它内部使用了许多优化的算法和C语言扩展，以提供较好的性能。对于大规模的图像处理任务，开发者可以通过调整Pillow库的配置或结合其他工具（如NumPy）来进一步提高性能。

丰富功能的实现，得益于Pillow库提供了众多的模块。在Pillow库中有20多个模块，比如Image图像处理模块、ImageFont添加文本模块、ImageColor颜色处理模块、ImageDraw绘图模块等，每个模块实现了不同的功能，同时模块之间还可以互相配合。

通过Python包管理器pip来安装Pillow库是较简单、轻量级的一种安装方式，并且这种方式适用于任何平台，只需执行以下命令即可：

```
> pip install pillow
```

9.8.2 Pillow库Image类

1．创建Image对象

Image类是Pillow库中最为重要的类之一，该类被定义在与其同名的Image模块中。需要使用下列导包方式引入Image模块：

```
>>> from PIL import Image
```

使用Image类可以实例化一个Image对象，通过调用该对象的一系列属性和方法对图像进行处理。Pillow库提供了两种创建Image对象的方法：open()和new()。这里介绍open()的使用方法。

使用Image类的open()方法，可以创建一个Image对象，语法格式如下：

```
im = Image.open(fp, mode = "r")
```

其中，fp表示文件路径，采用字符串格式；mode是可选参数，若出现该参数，则必须将其设置为“r”，否则会引发ValueError异常。下面是具体实例：

```
>>> from PIL import Image
>>> #打开一个位于Python当前工作目录下的图片文件xiamen-university.jpg
>>> #需要提前准备好图片xiamen-university.jpg
>>> im = Image.open("xiamen-university.jpg")
>>> #调用show()方法显示图像
>>> im.show()
```

2．Image对象的基本属性

Image对象有一些常用的基本属性，这些属性能够帮助我们了解图像的基本信息，下面对这些属性的用法做简单的演示：

```
>>> from PIL import Image
>>> im = Image.open("xiamen-university.jpg")
>>> print("宽是%s高是%s"%(im.width, im.height))
>>> print("图像的大小:", im.size)
>>> print("图像的格式:", im.format)
>>> print("图像是否为只读:", im.readonly)
>>> print("图像信息:", im.info)
>>> print("图像模式信息:", im.mode)
```

3．利用Pillow库实现图片格式转换

利用Pillow库能够很轻松地实现图片格式的转换。图片格式的转换主要有两种方法：save()和convert()。

save()方法用于保存图像，当不指定图片格式时，它会以默认的图片格式来存储；如果指定图片格式，则会以指定的格式存储图片。save()的语法格式如下：

```
Image.save(fp, format = None)
```

其中，fp是图片的存储路径，包含图片的名称，采用字符串格式；format是可选参数，用于指定图片格式。具体实例如下：

```
>>> from PIL import Image
>>> im = Image.open("xiamen-university.jpg")
>>> im.save('xiamen-university.bmp')
```

但是，并非所有的图片格式都可以用save()方法进行转换，比如，将PNG格式的图片保存为JPG格式，如果直接使用save()方法就会报错。引发错误的原因是PNG和JPG图像模式不一致。其中，PNG是4通道RGBA模式，即红色、绿色、蓝色、Alpha透明色；JPG是3通道RGB模式。因此，要想实现图片格式的转换，就要将PNG的4通道、RGBA模式转换为3通道RGB模式。

Image类提供的convert()方法可以实现图像模式的转换。该函数提供了多个参数，比如 mode、matrix、dither等，其中，最关键的参数是mode。语法格式如下：

```
convert(mode, params**)
```

其中，mode指的是要转换成的图像模式，params是其他可选参数。

```
>>> from PIL import Image
>>> #假设在Python当前工作目录下已经存在图片文件example.png
>>> im = Image.open("example.png")
>>> image = im.convert('RGB')
>>> im.save('example.jpg')
```

4．利用Pillow库实现图像缩放操作

在图像处理过程中，经常会遇到需要缩小或放大图像的情况，Image类提供的resize()方法能够实现任意缩小和放大图像。resize()函数的语法格式如下：

```
resize(size, resample = image.BICUBIC, box = None, reducing_gap = None)
```

各个参数的含义如下。

（1）size：元组参数 (width,height)，图片缩放后的尺寸。

（2）resample：可选参数，指图像重采样滤波器，默认为Image.BICUBIC（双立方插值法）。

（3）box：对指定图片区域进行缩放，box的参数值是长度为4的像素坐标元组，即（左,上,右,下）。注意，被指定的区域必须在原图的范围内，如果超出范围就会报错。当不传该参数时，默认对整个原图进行缩放。

（4）reducing_gap：可选参数，浮点参数值，用于优化图片的缩放效果，常用参数值有 3.0和5.0。具体实例如下：

```
>>> from PIL import Image
>>> im = Image.open("example.png")
>>> print("图像的大小:", im.size)
>>> image = im.resize((135,54))   #缩小图片
>>> image.save("example-small.png")
>>> print("查看新图像的尺寸",image.size)
```

Image类还支持创建缩略图。缩略图指的是将原图缩小至指定大小的图像。通过创建缩略图，可以使图像更易于展示和浏览。

Image对象提供了一个thumbnail()方法来创建图像的缩略图，该方法的语法格式如下：

```
thumbnail(size, resample)
```

其中，size是元组参数，指的是缩小后的图像大小；resample是可选参数，指图像重采样滤波器，其有4种过滤方式，分别是 Image.BICUBIC、PIL.Image.NEAREST（最近邻插值法）、PIL.Image.BILINEAR（双线性插值法）、PIL.Image.LANCZOS（下采样过滤插值法），默认为 Image.BICUBIC。具体实例如下：

```
>>> from PIL import Image
>>> im = Image.open("example.png")
>>> im.thumbnail((100,50))
>>> print("缩略图尺寸", im.size)
>>> im.save("example-thumbnail.png")
```

在图像处理过程中，对于某些不需要精细处理的环节，我们往往采用批量处理方法进行处理，比如批量转换格式、批量修改尺寸等，这是一种提升工作效率的有效途径，它避免了单一、重复的操作。通过Pillow库提供的Image.resize()方法，我们可以批量修改图片尺寸。具体实例如下：

```
>>> #批量修改图片尺寸
>>> import os
>>> from PIL import Image
>>> #读取图片目录，假设存在"C:/python/image"目录，并且该目录下有很多图片
>>> fileName = os.listdir('C:/python/image')
>>> print(fileName)
>>> #设定尺寸
>>> width = 200
>>> height = 200
>>> #如果目录不存在，则创建目录new-image
>>> if not os.path.exists('C:/python/new-image/'):
>>>       os.mkdir('C:/python/new-image/')
>>> #循环读取image目录下的每一张图片，转换尺寸后，将其保存到new-image目录下
>>> for img in fileName:
>>>       old_pic = Image.open('C:/python/image/' + img)
>>>       new_pic = old_pic.resize((width, height), Image.BILINEAR)
>>>       new_pic.save('C:/python/new-image/' + img)
```

9.8.3 Pillow库的ImageFilter类和ImageEnhance类

1. ImageFilter类

Pillow库通过ImageFilter类实现图像降噪的功能，该类中集成了不同种类的滤波器，通过调用它们可以实现图像的平滑、锐化、边界增强等降噪操作。ImageFilter类的常见预定义过滤方法如表9-8所示。

表 9-8 ImageFilter 类的常见预定义过滤方法

方法	功能描述
ImageFilter.BLUR()	实现图像的模糊效果
ImageFilter.CONTOUR()	实现图像的轮廓效果
ImageFilter.DETAIL()	实现图像的细节效果
ImageFilter.FIND_EDGES()	实现图像的边缘效果
ImageFilter.EMBOSS()	实现图像的浮雕效果
ImageFilter.EDGE_ENHANCE()	实现图像的边缘加强效果
ImageFilter.EDGE_ENHANCE_MORE()	实现图像的阈值边缘加强效果
ImageFilter.SMOOTH()	实现图像的平滑效果
ImageFilter.SMOOTH_MORE()	实现图像的阈值平滑效果
ImageFilter.SHARPEN()	实现图像的锐化效果

这里给出ImageFilter类的用法实例。假设有一张厦门大学建南大礼堂的图片xiamen-university.jpg（见图9-11），需要根据这张图片生成各种不同的效果图。

首先，执行如下代码生成轮廓图（见图9-12）：

```
>>> #导入Image类和ImageFilter类
>>> from PIL import Image, ImageFilter
>>> im = Image.open("xiamen-university.jpg")
>>> im2 = im.filter(ImageFilter.CONTOUR)
>>> im2.save("xiamen-university-contour.png")
```

图9-11 厦门大学建南大礼堂

图9-12 轮廓图

然后，执行如下代码生成边缘检测图（见图9-13）：

```
>>> im3 = im.filter(ImageFilter.FIND_EDGES)
>>> im3.save("xiamen-university-edges.png")
```

继续执行如下代码生成浮雕图（见图9-14）：

```
>>> im4 = im.filter(ImageFilter.EMBOSS)
>>> Im4.save("xiamen-university-emboss.png")
```

图9-13 边缘检测图

图9-14 浮雕图

2. ImageEnhance类

ImageEnhance类提供了更高级的图像增强功能，如调整颜色平衡、对比度、亮度、锐度等，其图像增强方法如表9-9所示。

表 9-9 ImageEnhance 类的图像增强方法

方法	功能描述
ImageEnhance.enhance(factor)	将所选属性的数值增强factor倍
ImageEnhance.Color(im)	调整图像的颜色平衡
ImageEnhance.Contrast(im)	调整图像的对比度
ImageEnhance.Brightness(im)	调整图像的亮度
ImageEnhance.Sharpness(im)	调整图像的锐度

下面给出一个具体实例（图像增强效果如图9-15所示）：

```
>>> from PIL import Image
>>> from PIL import ImageEnhance
>>> im = Image.open("xiamen-university.jpg")
>>> im2 = ImageEnhance.Contrast(im)
>>> im2.enhance(20).save("xiamen-university-enhance.jpg")
```

图9-15 图像增强效果

9.8.4 Pillow库的ImageDraw类和ImageFont类

Pillow库提供了添加水印的方法，该方法操作简单、易学易用，这里需要用到ImageDraw类和ImageFont类。

1．ImageDraw类

ImageDraw类提供了一系列绘图方法，通过该类可以创建一个新的图形，或者在现有的图像上再绘制一个图形，从而起到对原图进行注释和修饰的作用。

下面创建一个 ImageDraw对象：

```
draw = ImageDraw.Draw(im)
```

上述方法会返回一个ImageDraw对象，参数im表示Image对象。这里可以把Image对象理解成画布，通过调用ImageDraw对象的一些方法，可以达到在画布上绘制出新图形的目的。ImageDraw对象的常用方法如表9-10所示。

表 9-10 ImageDraw 对象的常用方法

方法	功能描述
text()	在图像上绘制文字
line()	在图像上绘制直线、线段
eclipse()	在图像上绘制椭圆形
rectangle()	在图像上绘制矩形
polygon()	在图像上绘制多边形

下面以绘制矩形为例进行说明。

绘制矩形的语法格式如下：

```
draw.rectangle(xy, fill = None, outline = None)
```

各个参数的含义如下。

（1）xy：元组参数，以图像的左上角为坐标原点，表示矩形的位置、大小的坐标序列，形如((x1,y1,x2,y2))。

（2）fill：矩形的背景填充颜色。

（3）outline：矩形的边框线条颜色。

这里给出一个具体实例：

```
>>> from PIL import Image, ImageDraw
>>> #创建Image对象，作为画布
>>> im = Image.new('RGB', (300, 300), color = 'yellow')
>>> #创建ImageDraw对象
>>> draw = ImageDraw.Draw(im)
>>> #以左上角为坐标原点，绘制矩形
>>> draw.rectangle((50, 100, 100, 150), fill = (255, 0, 0), outline = (0, 0, 0))
>>> #保存图片
```

```
>>> im.save("rectangle.png") #保存以后的图片如图9-16所示
```

图9-16 矩形图片

2．ImageFont类

ImageFont类通过加载不同格式的字体文件，从而在图像上绘制出不同类型的文字。

创建字体对象的语法格式如下：

```
font = ImageFont.truetype(font = '字体文件路径', size =字号)
```

如果想要在图片上添加文本，还需要使用ImageDraw.text()方法，语法格式如下：

```
d.text((x,y), "text", font, fill)
```

各个参数的含义如下。

（1）(x,y)：以图像左上角为坐标原点，(x,y) 表示添加文本的起始坐标位置。

（2）text：字符串格式，表示要添加的文本内容。

（3）font：ImageFont对象。

（4）fill：文本填充颜色。

3．为图片添加水印

这里给出一个为图片添加文字水印的实例：

```
>>> from PIL import Image, ImageFont, ImageDraw
>>> #打开图片，返回Image对象
>>> im = Image.open("xiamen-university.jpg")
>>> #创建画布对象
>>> draw = ImageDraw.Draw(im)
>>> #加载计算机本地字体文件
>>> font = ImageFont.truetype(font = 'C:\\Windows\\Fonts\\simhei.ttf', size = 36)
>>> #在原图像上添加文本
>>> draw.text(xy = (90,60), text = '厦门大学', fill = (255, 0, 0), font = font)
>>> im.save("xiamen-university-watermark.jpg") # 生成的图片如图9-17所示
```

图9-17 添加文字水印后的图片

9.8.5 图像的字符画绘制

使用Pillow库来创建字符画（ASCII Art）是一个有趣的任务。其基本思路是遍历图像的每个像素，然后根据其颜色或亮度将其映射到一个字符上。下面的代码文件ascii_img.py是一个简单的示例，展示了如何使用Pillow库和Python来完成这个任务。

```
# ascii_img.py
from PIL import Image
def scale_image(img, new_width=100):
    (original_width, original_height) = img.size
    aspect_ratio = original_height / float(original_width)
    new_height = int(aspect_ratio * new_width)
    img = img.resize((new_width, new_height))
    return img

def gray_scale(img):
    return img.convert('L')

def map_to_ascii(pixel_value, range_width=25):
    # 将像素值映射到ASCII字符画
    if pixel_value == 255:
        return '█'
    elif pixel_value < 25:
        return ' '
    else:
        return chr(int((pixel_value / range_width) + 33))  # 33是'!'的ASCII值

def ascii_art(image_path, width=100):
    img = Image.open(image_path)
    img = scale_image(img, width)
    gray = gray_scale(img)
    ascii_text = ''
    for y in range(img.height):
        for x in range(img.width):
            pixel_value = gray.getpixel((x, y))
            ascii_text += map_to_ascii(pixel_value)
        ascii_text += '\n'
    return ascii_text

# 使用示例
ascii_img = ascii_art('xiamen-university.jpg', width=100)
print(ascii_img)
```

执行代码文件ascii_img.py，就可以看到生成的字符画。图9-18所示为原图和字符画的对比效果。

图9-18 原图和字符画的对比效果

9.9 math库

Python的math库是Python的内置库之一，它提供了许多数学函数，包括三角函数、对数函数、幂函数，以及一些数学常量如圆周率（pi），还有自然对数的底（e），等等。math库主要用于处理基础数学运算和数学函数的运算。表9-11所示为math库的数学常量，表9-12、表9-13和表9-14给出了math库的各种常用的函数。

表 9-11 math 库的数学常量

常量	描述
math.pi	表示圆周率π，大约等于3.141592653589793
math.e	表示自然常数e，即自然对数的底，大约等于2.718281828459045
math.tau	表示数学常数τ，它等于2π，大约等于6.283185307179586。这个常量在Python 3.6中被添加
math.inf	表示正无穷大。例如，对于所有的x（除了math.nan），math.inf > x都为True
math.nan	表示一个特殊的浮点数NaN（Not a Number，非数字）

表 9-12 math 库的数值表示函数

函数	描述
math.fabs(x)	返回x的绝对值
math.fmod(x,y)	返回x与y的模
math.fsum([x,y,…])	浮点数精确求和
math.ceil(x)	返回大于或等于x的最小整数
math.floor(x)	返回小于或等于x的最大整数
math.trunc(x)	返回x的整数部分。它的行为类似于向0取整，也就是说，如果x是正数，它的行为类似于math.floor(x)，如果x是负数，它的行为类似于math.ceil(x)
math.modf(x)	返回x的小数部分和整数部分。返回值是一个元组，第一个元素是x的小数部分，第二个元素是x的整数部分
math.factorial(x)	返回x的阶乘
math.gcd(a,b)	返回a与b的最大公约数

表 9-13 math 库的幂和对数函数

函数	描述
math.pow(x, y)	返回x的y次幂
math.sqrt(x)	返回x的平方根
math.exp(x)	返回e的x次幂
math.log(x[, base])	返回x的自然对数，如果给出了base，那么返回以base为底的x的对数
math.log1p(x)	返回1+x的自然对数（以e为底）。对于很小的x，这个函数比math.log(1+x)更精确
math.log2(x)	返回以2为底的x的对数
math.log10(x)	返回以10为底的x的对数

表 9-14 math 库的三角函数和反三角函数

函数	描述
math.sin(x)	返回x的正弦值
math.cos(x)	返回x的余弦值
math.tan(x)	返回x的正切值
math.asin(x)	返回x的反正弦值
math.acos(x)	返回x的反余弦值
math.atan(x)	返回x的反正切值
math.radians(x)	把角度x转换为弧度
math.degrees(x)	把弧度x转换为角度

下面是math库的一些具体应用实例：

```
>>> #导入math库
>>> import math
>>> #math.sqrt(x)函数实例
>>> x = 9
>>> root = math.sqrt(x)
>>> print(f"The square root of {x} is {root}")
The square root of 9 is 3.0
>>> #math.pow(x, y)函数实例
>>> x = 2
>>> y = 3
>>> result = math.pow(x, y)
>>> print(f"{x} raised to the power of {y} is {result}")
2 raised to the power of 3 is 8.0
>>> #math.fabs(x)函数实例
>>> x = -5
```

```
>>> abs_value = math.fabs(x)
>>> print(f"The absolute value of {x} is {abs_value}")
The absolute value of -5 is 5.0
>>> #math.ceil(x)函数实例
>>> x = 3.14
>>> ceil_value = math.ceil(x)
>>> print(f"The ceiling value of {x} is {ceil_value}")
The ceiling value of 3.14 is 4
>>> #math.floor(x)函数实例
>>> x = 3.14
>>> floor_value = math.floor(x)
>>> print(f"The floor value of {x} is {floor_value}")
The floor value of 3.14 is 3
>>> # math.exp(x)函数实例
>>> x = 1
>>> exp_value = math.exp(x)
>>> print(f"e raised to the power of {x} is {exp_value}")
e raised to the power of 1 is 2.718281828459045
>>> # math.log(x[, base])函数实例
>>> x = 100
>>> natural_log = math.log(x)
>>> log_base_10 = math.log(x, 10)
>>> print(f"The natural log of {x} is {natural_log}")
The natural log of 100 is 4.605170185988092
>>> print(f"The log base 10 of {x} is {log_base_10}")
The log base 10 of 100 is 2.0
>>> # 三角函数实例
>>> x = math.pi / 2  # 90 degrees in radians
>>> sin_value = math.sin(x)
>>> cos_value = math.cos(x)
>>> tan_value = math.tan(x)
>>> print(f"The sine of {x} radians is {sin_value}")
The sine of 1.5707963267948966 radians is 1.0
>>> print(f"The cosine of {x} radians is {cos_value}")
The cosine of 1.5707963267948966 radians is 6.123233995736766e-17
>>> print(f"The tangent of {x} radians is {tan_value}")
The tangent of 1.5707963267948966 radians is 1.633123935319537e+16
```

9.10 本章小结

Python的标准库和第三方库大大增强了Python语言的表达能力。turtle库是一个入门级的图形绘制函数库，可以帮助我们绘制出各种图像；random库可以方便快捷地为我们提供随机数；time库则提供了时间获取、时间格式化和程序计时等功能；datetime库为Python提供了丰富的日期和时间

处理功能，使得处理与日期和时间相关的任务变得更加简单和高效；PyInstaller库可以将Python源代码文件转换成EXE格式的可执行文件；jieba库具有强大的分词功能；wordcloud库是优秀的词云展示第三方库，以词语为基本单位，通过图形可视化的方式，更加直观和艺术地展示文本；Pillow库是一个强大的Python图像处理库，它提供了广泛的图像处理和操作功能，包括图像编辑、格式转换、显示、滤镜应用等；math库提供了许多用于数学运算的函数。

9.11 习题

（1）下列描述错误的是（　）。

A．标准库是安装Python时自带的，不需要额外安装

B．第三方库需要额外安装

C．turtle库、random库、time库和jieba库都是标准库

D．PyInstaller库、jieba库、wordcloud库和Pillow库等都是第三方库

（2）下列描述错误的是（　）。

A．turtle.pensize()用于设置画笔的宽度

B．turtle.pencolor()如果没有参数传入，则返回当前画笔颜色，如果有参数传入，则设置画笔颜色

C．turtle.speed(speed)用于设置画笔移动速度，速度范围是[0,10]的整数，数字越大速度越慢

D．turtle.goto(x,y)表示将画笔移动到坐标为(x,y)的位置

（3）关于random库，下列描述错误的是（　）。

A．random库是用来生成随机数的Python标准库

B．random库主要包含两类函数，即基本随机数函数和扩展随机数函数

C．随机数种子决定了随机序列的生成

D．即使随机数种子一样，random()产生的随机数也无法重现

（4）关于time库，下列描述错误的是（　）。

A．time库是Python中处理时间的标准库

B．time库包含3类函数：时间获取函数、时间格式化函数、程序计时函数

C．gmtime()用于获取当前时间，并返回一个以人类可读方式表示的字符串

D．ctime()用于获取当前时间，并返回一个以人类可读方式表示的字符串

（5）关于jieba库，下列描述错误的是（　）。

A．jieba.cut(s)属于全模式，返回一个可迭代的数据类型

B．jieba.cut_for_search(s)属于搜索引擎模式

C．jieba.lcut(s)属于精确模式，返回一个列表类型

D．jieba.add_word(w)的含义是向分词词典中增加新词w

实验5 常用的标准库和第三方库的基本使用

一、实验目的

（1）掌握turtle库、random库、jieba库、wordcloud库的用法。

（2）调研和学习string库的用法。

（3）掌握Pillow库的用法。

二、实验平台

（1）操作系统：Windows 7及以上。

（2）Python版本：3.12.2版本。

三、实验内容和要求

（1）使用turtle库绘制一组同切圆（如下图所示）。

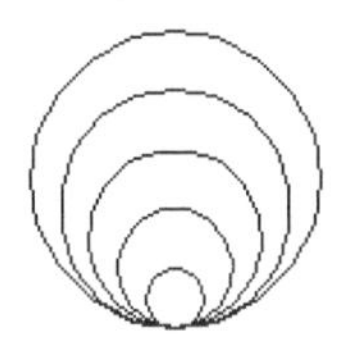

（2）使用turtle库绘制一组同心圆（如下图所示）。

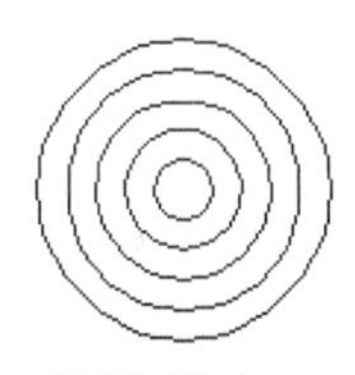

（3）使用turtle库绘制一个五角星（如下图所示）。

（4）假设有一个文本文件example.txt，里面只有一行内容“A,B,C,D,E,F,G,H,I,J,K,L,M,N”，请读取文件里的数据并将其进行随机排序（使用random库完成本题）。

（5）自己调研string库的用法，然后用string库和random库实现随机生成一个验证码。

（6）设计一个猜数字游戏，由系统随机生成一个数（使用random库），然后让游戏参与者猜数字是多少。如果参与者猜的数字比实际数字大，就提醒参与者再猜小一些；如果参与者猜的数字比实际数字小，就提醒参与者再猜大一些；如果参与者猜的数字与实际数字相等，就祝贺参与者成功猜中。

（7）到人邮教育官网的“下载专区”的“数据集”目录下下载文件threekingdoms.txt到本地，然后编写程序读取文件中的内容，使用jieba库进行分词，最后，统计出三国人物的出场次数。

（8）读取第（7）题中的文件threekingdoms.txt，并使用wordcloud库生成一张词云图片。

（9）读取一个图片文件，生成该图片的缩略图、轮廓图、浮雕图，并为该图片添加文字水印。

四、实验报告

<table>
<tr><td colspan="5">“Python程序设计基础”课程实验报告</td></tr>
<tr><td>题目：</td><td></td><td>姓名：</td><td></td><td>日期：</td></tr>
<tr><td colspan="5">实验环境：</td></tr>
<tr><td colspan="5">实验内容与完成情况：</td></tr>
<tr><td colspan="5">出现的问题：</td></tr>
<tr><td colspan="5">解决方案（列出出现的问题和解决方案，列出没有解决的问题）：</td></tr>
</table>

第10章 基于Matplotlib的数据可视化

Matplotlib是Python中典型的绘图库，它提供了一整套和MATLAB相似的API，十分适合交互式绘图，也可以方便地将它作为绘图控件嵌入GUI应用程序中。使用Matplotlib能够创建多种类型的图表，如柱状图、散点图、饼图、堆叠图、3D图和地图等。

本章首先简要介绍Matplotlib，然后介绍Matplotlib的安装和导入方法，接下来介绍Matplotlib的常规绘图方法，最后介绍如何使用Matplotlib绘制一些常规图表。

10.1 Matplotlib简介

Matplotlib是一个Python绘图库，它可以在各种平台上以各种格式和交互式环境生成具有出版品质的图形。Matplotlib试图让简单的事情变得更简单，让无法实现的事情变得可能实现。以下是Matplotlib的一些关键特性。

- 简单易用：Matplotlib提供了简单直观的API，使用户能够轻松创建各种类型的图表。
- 多种绘图类型：Matplotlib支持绘制各种类型的图表，包括折线图、散点图、柱状图、饼图、等高线图、3D图等。
- 自定义性强：通过Matplotlib，用户可以轻松地自定义图表的外观和样式，包括颜色、线型、标签、标题等。
- 支持LaTeX：Matplotlib支持使用LaTeX渲染文本，使图表标签和注释具有高质量的数学表达式。
- 交互式图表：Matplotlib可以嵌入交互式环境中，如Jupyter Notebook，支持交互式数据探索和动态更新。
- 支持多种输出格式：Matplotlib可以将图表保存为多种格式，如PNG、PDF、SVG、EPS（Encapsulated Post Script，封装PostScript格式）等。
- 对象导向：Matplotlib的图表是通过对象导向的方式创建的，这意味着用户可以直接操作图表的元素，使定制化和复杂图表的创建更加容易。
- 内置样式和颜色映射：Matplotlib提供了内置的样式表和颜色映射，使用户可以轻松地应用一致的风格和颜色。
- 复杂图表和子图：Matplotlib支持创建复杂的图表布局和多子图，适用于需要展示多个数据视图的场景。
- 跨平台：Matplotlib可以在多个操作系统上运行，包括Windows、Linux和macOS。

10.2 Matplotlib的安装和导入

Python安装好以后，默认是没有安装Matplotlib的，需要单独安装。

需要注意的是，Matplotlib需要NumPy的支持。NumPy是Python语言的一个扩展程序库，支持高级的数组与矩阵运算，并且针对数组运算提供了大量的数学函数库，包括线性代数运算、傅里叶变换和随机数生成等。NumPy数组与Matplotlib可以实现很好的集成。Matplotlib通常使用NumPy数组作为输入，从而能够方便地进行数据分析。

如果还没有安装NumPy，请先执行如下命令进行安装：

```
> pip install numpy
```

然后，执行如下命令安装Matplotlib：

```
> pip install matplotlib
```

如果安装时报错，可以使用国内源进行安装，命令如下：

```
> pip install matplotlib -i https://pypi.***.edu.cn/simple
```

推荐的导入Matplotlib的方法如下：

```
>>> import matplotlib.pyplot as plt
```

10.3 常规绘图方法

Matplotlib会把数据绘制到画布上。画布是一个顶级的容器，包含绘图的所有元素。画布中的一切元素都可以根据业务需求或个人喜好自定义，包括图的标题、坐标轴位置、坐标轴精度、坐标轴刻度、坐标轴显示或隐藏、绘图的线条样式、绘图的线条宽度、绘图的线条颜色、图例、标注等。

10.3.1 绘制简单图形

这里以折线图为例介绍如何绘制一个简单的图形。给定横坐标[1,2,3,4,5]，纵坐标[1,4,9,16,25]，并且指明*x*轴与*y*轴的名称分别为xlabel和ylabel，就可以绘制一个简单图形，具体代码如下：

```
>>> import matplotlib.pyplot as plt
>>> plt.plot([1,2,3,4,5],[1,4,9,16,25])      # 绘图，给定横坐标和纵坐标
>>> plt.xlabel('xlabel')                     # 设置x轴的名称
>>> plt.ylabel('ylabel')                     # 设置y轴的名称
>>> plt.show()                               # 显示图形，绘图结果如图10-1所示
```

需要注意的是，在使用Matplotlib绘图时，如果要显示图形，必须调用plt.show()，否则图形不显示。

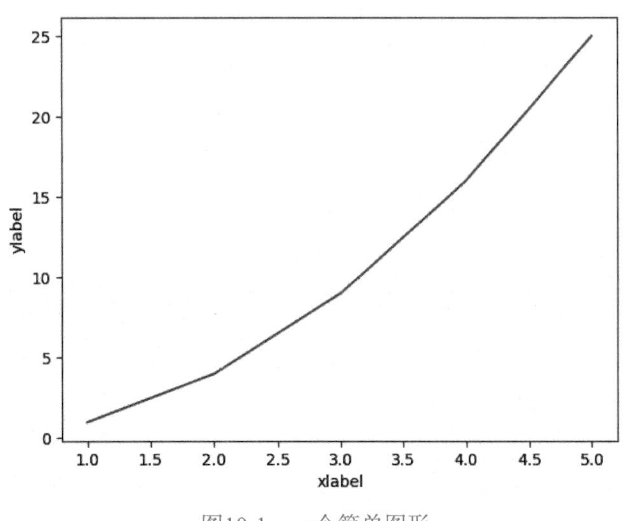

图10-1 一个简单图形

10.3.2 细节设置

1. 设置线型和颜色

可以在代码中使用特定字符对图形中的线型进行设置，表10-1给出了一些主要的线型表示字符。

表 10-1 一些主要的线型表示字符

字符	类型	字符	类型
-	实线	--	虚线
-.	虚点线	:	点线
.	点	s	正方点
○	圆点	*	星形点
+	加号点	×	乘号点

下面是一个具体实例：

```
>>> import matplotlib.pyplot as plt
>>> plt.plot([1,2,3,4,5],[1,4,9,16,25],'-o')  # 小写字母o表示圆点
>>> plt.xlabel('xlabel',fontsize=16)           # 设置x轴的名称和字号
>>> plt.ylabel('ylabel',fontsize=16)           # 设置y轴的名称和字号
>>> plt.show()                                 # 显示图形，绘图结果如图10-2所示
```

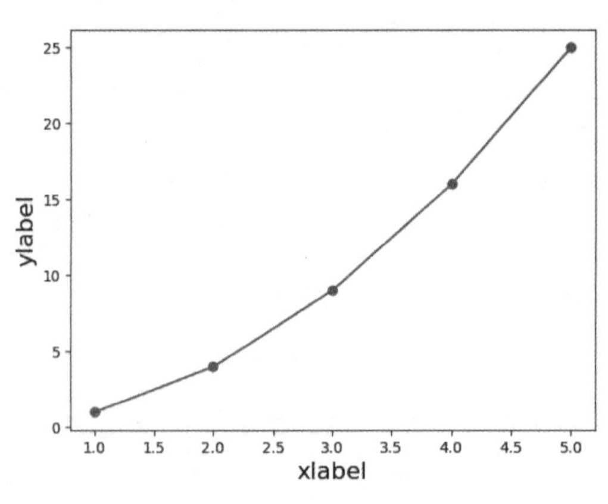

图10-2 设置线型

可以在代码中使用特定字符对线条颜色进行设置，表10-2给出了颜色设置字符的具体含义。

表 10-2 颜色设置字符的具体含义

字符	颜色	英文全称
b	蓝色	blue
g	绿色	green
r	红色	red
c	青色	cyan
m	品红色	magenta
y	黄色	yellow

续表

字符	颜色	英文全称
k	黑色	black
w	白色	white

下面是一个具体实例：

```
>>> import matplotlib.pyplot as plt
>>> plt.plot([1,2,3,4,5],[1,4,9,16,25],'-.',color='r')   # 设置线型和颜色
>>> plt.xlabel('xlabel',fontsize=16)             # 设置x轴的名称和字号
>>> plt.ylabel('ylabel',fontsize=16)             # 设置y轴的名称和字号
>>> plt.show()                                   # 显示图形，绘图结果如图10-3所示
```

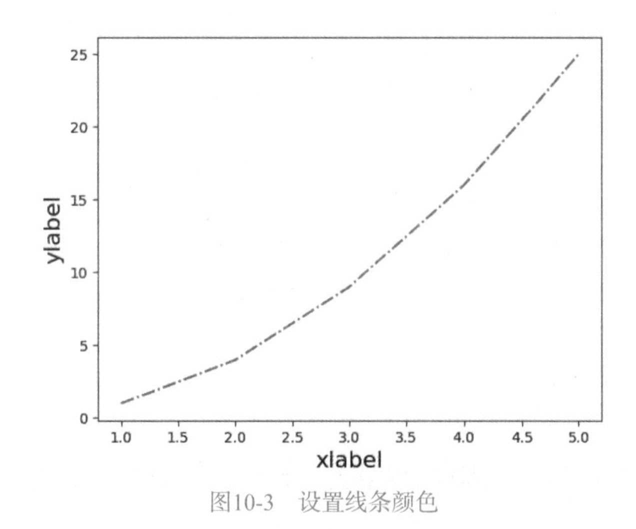

图10-3 设置线条颜色

2．设置坐标轴

可以为坐标轴添加名称，比如，设置x轴的名称可以使用plt.xlabel('x轴自定义名称')，设置y轴的名称可以使用plt.ylabel('y轴自定义名称')。

可以设置坐标轴范围，比如，设置x轴范围可以使用plt.xlim((−5, 5))，设置y轴范围可以使用plt.ylim((−5, 5))。

可以设置坐标轴刻度，设置x轴刻度可以使用plt.xticks(arr)，设置y轴刻度可以使用plt.yticks(arr)，其中，arr是一个元组。如果想要隐藏坐标轴刻度，则可以传入空的元组，比如plt.xticks(())和plt.yticks(())，分别表示隐藏x轴刻度和隐藏y轴刻度。

下面是一个具体实例：

```
>>> import numpy as np
>>> import matplotlib.pyplot as plt
>>> x = np.random.randn(10)
>>> y = x * 2 + 1
>>> plt.plot(x, y)                # 绘图
>>> plt.xlabel('X')               # 设置x轴的名称
>>> plt.ylabel('Y')               # 设置y轴的名称
```

```
>>> plt.xlim((-5, 5))            # 设置x轴范围
>>> plt.ylim((-5, 10))           # 设置y轴范围
>>> plt.rcParams['axes.unicode_minus'] =False      # 此设置可以让坐标轴上的负数正
常显示
>>> plt.show()                   # 显示图形，绘图结果如图10-4所示
```

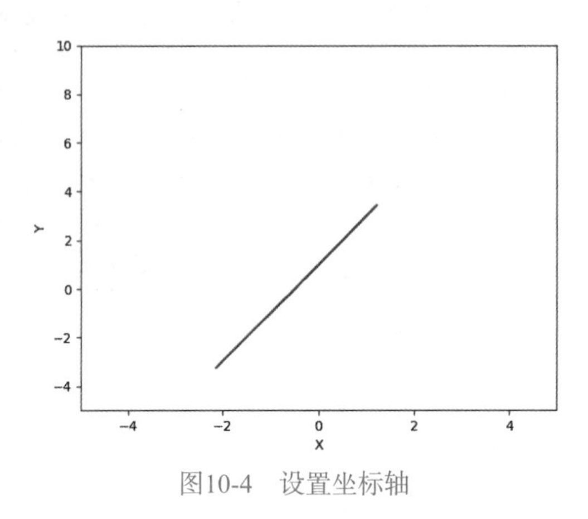

图10-4　设置坐标轴

3．设置中文字体

用Matplotlib绘图时，有时候需要用到中文，如果不做特殊设置，会导致无法正常显示中文。为了在图形中正常显示中文，需要在plt.show()之前增加如下一行代码：

```
>>> plt.rcParams['font.sans-serif'] = ['FangSong']        # 设置中文字体
```

4．显示网格

在使用Matplotlib绘图时，默认是隐藏网格的。如果要显示网格，使用plt.grid(True)即可。下面是一个具体实例：

```
>>> import matplotlib.pyplot as plt
>>> plt.plot([1,2,3,4,5],[1,4,9,16,25],'-.',color='r')  # 设置线型和颜色
>>> plt.xlabel('xlabel',fontsize=16)           # 设置x轴的名称和字号
>>> plt.ylabel('ylabel',fontsize=16)           # 设置y轴的名称和字号
>>> plt.grid(True)                             # 显示网格
>>> plt.show()                                 # 显示图形，绘图结果如图10-5所示
```

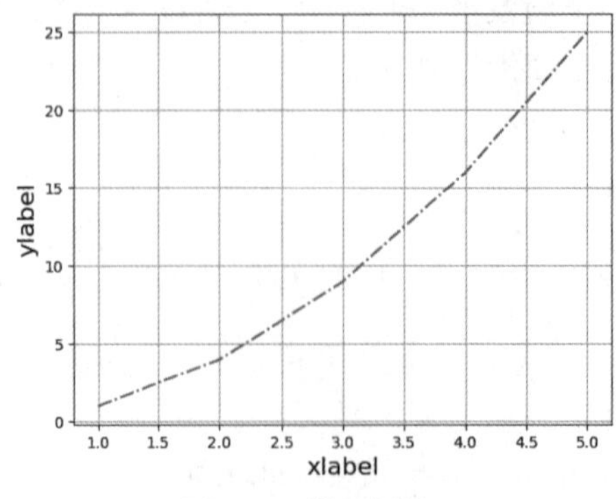

图10-5　设置网格

10.3.3 子图

Matplotlib提供了4种方式实现多子图绘制，包括plt.subplot()、plt.subplot2gird()、plt.subplots()、gridspec，这里只介绍plt.subplot()的用法。

采用plt.subplot()方式绘制多子图时，只需要传入几个简单的参数即可，其调用形式为plt.subplot(rows, columns, current_subplot_index)，比如plt.subplot(2, 2, 1)，各参数所代表的含义如下。

- rows表示最终子图的行数。
- columns表示最终子图的列数。
- current_subplot_index表示当前子图的索引。

当然，这几个参数是可以连写在一起的，同样可以被识别。例如，plt.subplot(2, 2, 1)可以写成plt.subplot(221)，两者是等价的。

下面是一个具体实例：

```
>>> import numpy as np
>>> import matplotlib.pyplot as plt
>>> x = np.linspace(-10,10)
>>> y = np.sin(x)
>>> plt.subplot(211)    #子图1
>>> plt.plot(x,y,'-',color='r')
>>> plt.subplot(212)    #子图2
>>> plt.plot(x,y,'-.',color='b')
>>> plt.show()          # 显示图形，绘图结果如图10-6所示
```

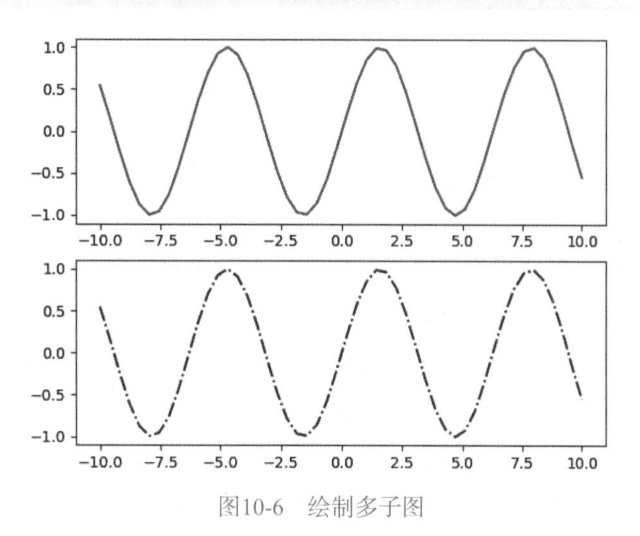

图10-6　绘制多子图

10.3.4 添加标注

可以在图上添加一些标注，具体实例如下：

```
>>> import numpy as np
>>> import matplotlib.py plot as plt
>>> x=np.linspace(-10,10)
>>> y=np.sin(x)
```

```
>>> plt.plot(x,y,color='b',linestyle=':',marker='o',markerfacecolor='r',markersize=10)
>>> plt.xlabel('xlabel')
>>> plt.ylabel('ylabel')
>>> plt.title('sine line')                # 图的标题
>>> plt.text(0,0,'annotation')            # 在指定位置添加标注
>>> plt.grid(True)                        # 显示网格
>>> # 添加箭头，需要给出起始点和终止点的位置以及箭头的各种属性
>>> plt.annotate('annotation',xy=(-5,0),xytext=(-2,0.3),arrowprops=dict(facecolor='red',shrink=0.05,headlength=20,headwidth=20))
>>> plt.show()                            # 显示图形，绘图结果如图10-7所示
```

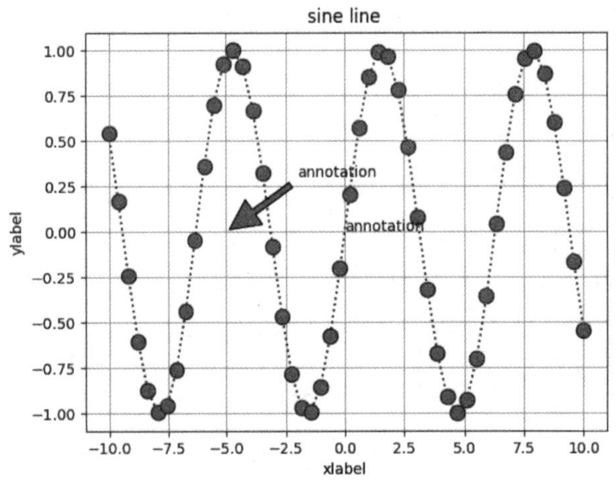

图10-7　添加标注

10.3.5 添加图例

在绘制复杂的图表尤其是包含多个数据系列的图表时，一个清晰、易读的图例是至关重要的。plt.legend()函数是Matplotlib中用于添加和定制图例的关键工具。在绘制完图表的数据系列后，可以简单地调用plt.legend()来自动创建一个图例。

```
>>> import matplotlib.pyplot as plt
>>> import numpy as np
>>> x = np.linspace(0,10,100)
>>> y1 = np.sin(x)
>>> y2 = np.cos(x)
>>> plt.rcParams['axes.unicode_minus'] =False # 此设置可以让坐标轴上的负数正常显示
>>> plt.plot(x,y1,label='sin(x)')
>>> plt.plot(x,y2,label='cos(x)')
>>> plt.legend()                          # 添加图例
>>> plt.show()                            # 显示图形，绘图结果如图10-8所示
```

可以看到，图例出现在图像的左下角，也可以通过使用语句plt.legend(loc='xxx')来指定该图例的摆放位置，其中，xxx的取值有以下几种情况。

- best（默认值）：自动选择最佳位置。
- upper right：右上角。

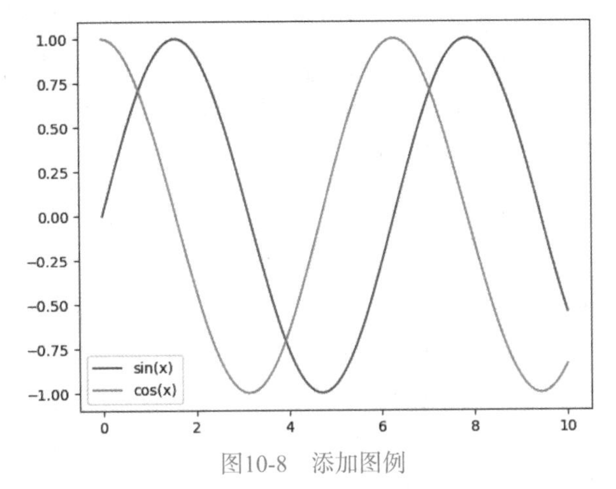

图10-8 添加图例

- upper left：左上角。
- lower right：右下角。
- lower left：左下角。
- right：右侧。
- center left：左侧中央。
- center right：右侧中央。
- lower center：底部中央。
- upper center：顶部中央。

10.4 常规图表绘制

本节介绍如何使用Matplotlib绘制一些常规图表，包括折线图、柱状图、直方图、饼图、散点图、箱线图、三维曲线、三维曲面、雷达图等。

10.4.1 折线图

在10.3.1小节中已经介绍了包含单条折线的折线图的绘制方法，这里继续介绍如何绘制多条折线。下面绘制2条折线，给每条折线一个名称，具体方法如下：

```
>>> import matplotlib.pyplot as plt
>>> x = [1,2,3]                                    # 第1条折线的横坐标
>>> y = [4,8,5]                                    # 第1条折线的纵坐标
>>> x2 = [1,2,3]                                   # 第2条折线的横坐标
>>> y2 = [11,15,13]                                # 第2条折线的纵坐标
>>> plt.plot(x, y, label='First Line')             # 绘制第1条折线，给折线一个名称“First
Line”
>>> plt.plot(x2, y2, label='Second Line')          # 绘制第2条折线，给折线一个名称“Second
Line”
>>> plt.xlabel('Plot Number')                      # 给横坐标轴添加名称
>>> plt.ylabel('Important var')                    # 给纵坐标轴添加名称
```

```
>>> plt.title('Graph Example\nTwo lines')  # 添加标题
>>> plt.legend()                           # 添加图例
>>> plt.show()                             # 显示图形，绘图结果如图10-9所示
```

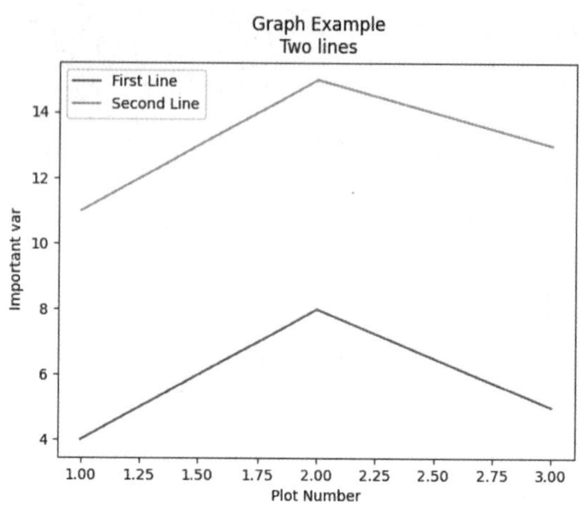

图10-9 绘制2条折线

10.4.2 柱状图

柱状图是一种以长方形的长度表示变量的统计报告图，它用一系列长度不等的纵向长方形表示数据分布的情况，用来比较两个或两个以上的数据系列，通常用于较小数据集的分析。

```
>>> import matplotlib.pyplot as plt
>>> # 第1个数据系列
>>> plt.bar([1,3,5,7,9],[6,3,8,9,2], label="First Bar")
>>> # 第2个数据系列，color='g'表示设置颜色为绿色
>>> plt.bar([2,4,6,8,10],[9,7,3,6,7], label="Second Bar", color='g')
>>> plt.legend()   # 添加图例
>>> plt.xlabel('bar number')                 # 给横坐标轴添加名称
>>> plt.ylabel('bar height')                 # 给纵坐标轴添加名称
>>> plt.title('Bar Example\nTwo bars!')      # 添加标题
>>> plt.show()                               # 显示图形，绘图结果如图10-10所示
```

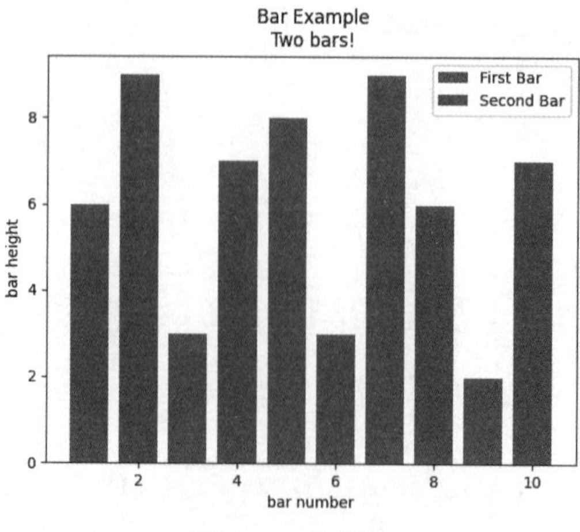

图10-10 柱状图

10.4.3 直方图

直方图（Histogram）是一种统计报告图，它在外观上由一个个长方形构成，但直方图在宽度（即x轴）方向将样本的取值范围从小到大划分为若干个间隔，间隔越大，表明涵盖的属性值跨度就越大。在高度（即y轴）方向，直方图可表示特定间隔区间内样本出现的次数（即频数），长方形越高，表明此间隔内的样本越多。

```
>>> import matplotlib.pyplot as plt
>>> population_ages = [21,57,61,47,25,21,33,41,41,5,96,103,108,
     121,122,123,131,112,114,113,82,77,67,56,46,44,45,47]
>>> bins = [0,10,20,30,40,50,60,70,80,90,100,110,120,130]
>>> plt.hist(population_ages, bins, histtype='bar', rwidth=0.8)
>>> plt.xlabel('x')                                # 给横坐标轴添加名称
>>> plt.ylabel('y')                                # 给纵坐标轴添加名称
>>> plt.title('Graph Example\n Histogram') # 添加标题
>>> plt.show()                                     # 显示图形，绘图结果如图10-11所示
```

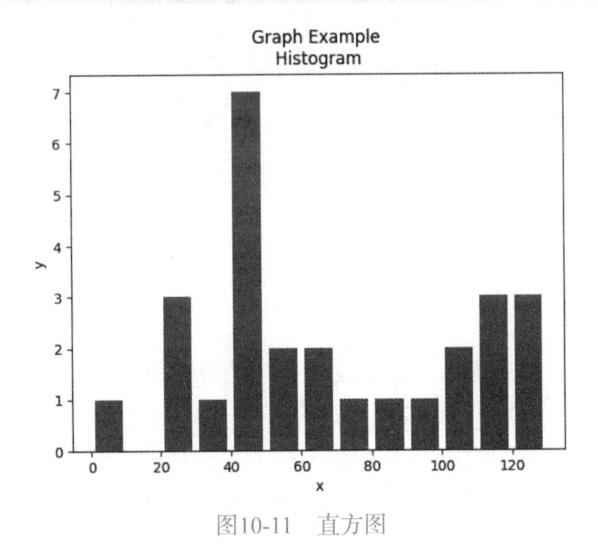

图10-11 直方图

10.4.4 饼图

饼图也称为饼状图，是一种圆形统计图表，用于描述不同量、频率或百分比之间的相对关系。饼图的每个扇区的弧长、圆心角或面积代表其所表示的数量的比例，所有扇区合起来可以构成一个完整的圆形。这种图常用于展示一个数据系列中各项的大小相对于总和的比例。在饼图中，相同颜色的数据标记表示同一个数据系列。

```
>>> import matplotlib.pyplot as plt
>>> slices = [7,2,2,13]  # 即activities分别占比7/24、2/24、2/24、13/24
>>> activities = ['sleeping','eating','working','playing']
>>> cols = ['c','m','r','b']
>>> plt.pie(slices,
      labels=activities,
```

```
        colors=cols,
        startangle=90,
        shadow= True,
        explode=(0,0.1,0,0),
        autopct=›%1.1f%%›)
>>> plt.title('Graph Example\n Pie chart') # 设置图的标题
>>> plt.show()                              # 显示图形，绘图结果如图10-12所示
```

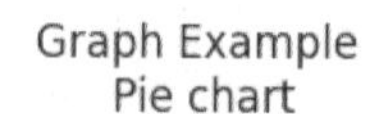

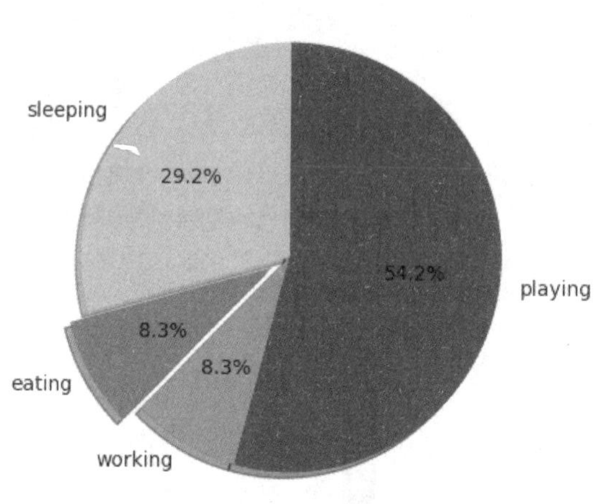

图10-12 饼图

10.4.5 散点图

散点图是指在回归分析中数据点在直角坐标系中的分布图，它表示因变量随自变量变化的大致趋势，据此可以选择合适的函数对数据点进行拟合。散点图用两组数据构成多个坐标点，考察坐标点的分布，判断两个变量之间是否存在某种关联或总结坐标点的分布模式。散点图将序列显示为一组点，值由点在图表中的位置表示，类别由图表中的不同标记表示。散点图通常用于比较跨类别的聚合数据。

Matplotlib绘制散点图的调用形式为plt.scatter (x_arr, y_arr)，也可以加入一些个性化设置，比如，plt.scatter(x_arr, y_arr, s=25, alpha=0.75, c='b', cmap='bone')，参数的具体含义如下。

- x_arr表示横坐标数据组成的数组。
- y_arr表示纵坐标数据组成的数组。
- s=25表示点的大小。
- alpha=0.75表示点的不透明度。
- c表示色彩或颜色序列，可选，默认为蓝色'b'。
- cmap='bone'表示颜色映射，其中cmap中的c是color的首字母。

下面是一个具体实例：

```
>>> import numpy as np
>>> import matplotlib.pyplot as plt
```

```
>>> x = np.random.normal(0, 1, 20)
>>> y = np.random.normal(0, 1, 20)
>>> plt.scatter(x, y, s=25, alpha=0.75)     # 绘制散点图
>>> plt.xticks(())                    # 隐藏坐标轴刻度
>>> plt.yticks(())                    # 隐藏坐标轴刻度
>>> plt.show()                        # 显示图形，绘图结果如图10-13所示
```

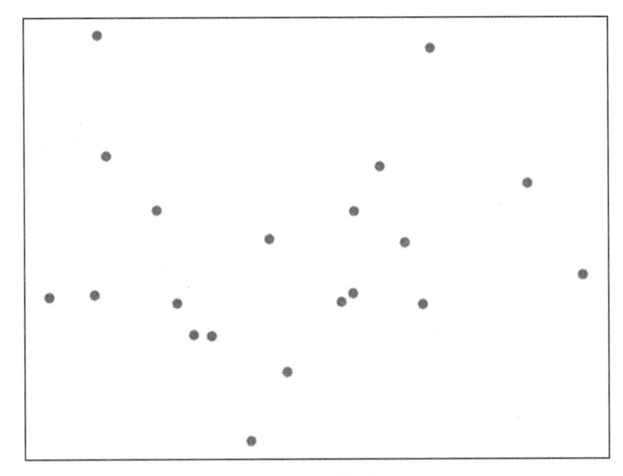

图10-13 散点图

10.4.6 箱线图

箱线图又称为盒须图、盒式图或箱形图，是一种用于显示一组数据的分散情况的统计图，因其形状如箱子而得名。它主要用于反映原始数据分布的特征，还可以用于进行多组数据分布特征的比较。箱线图的绘制方法是：先找出一组数据的上边缘、下边缘、中位数和两个四分位数；然后，连接两个四分位数画出箱体；再将上边缘和下边缘与箱体相连接，中位数在箱体中间。

```
>>> import random
>>> import matplotlib.pyplot as plt
>>> random.seed(0)                        # 保证每次运行程序生成的随机数都是一样的
>>> # 生成3组数据，每组包含100个数据点，服从正态分布
>>> all_data = [[random.normalvariate(0, s) for _ in range(100)] for s in
range(1, 4)]
>>> labels = ['x1', 'x2', 'x3']          # 3组数据的标签
>>> # 画箱线图，设置参数patch_artist=True，表示箱体内部用颜色进行填充
>>> # 设置参数labels=labels，表示箱线图的标签
>>> # 设置参数vert=True，表示箱线图纵向排列
>>> plt.boxplot(all_data, patch_artist=True, labels=labels, vert=True)
>>> plt.title('Rectangular box plot') # 设置箱线图标题
>>> plt.xlabel('Data set')                # 设置x轴名称
>>> plt.ylabel('Value')                   # 设置y轴名称
>>> plt.rcParams['axes.unicode_minus'] =False      # 此设置可以让坐标轴上的负数正
常显示
>>> plt.show()                            # 显示箱线图，绘图结果如图10-14所示
```

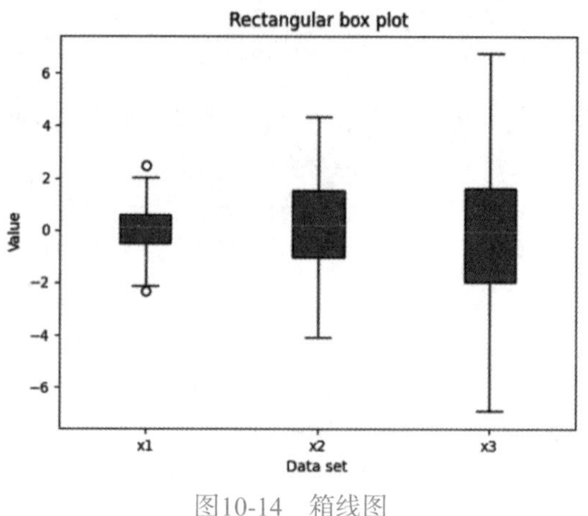

图10-14　箱线图

10.4.7 三维曲线

三维曲线指的是在三维空间中绘制的曲线，绘制方法如下：

```
>>> import matplotlib.pyplot as plt
>>> import math
>>> # 生成数据
>>> x = [x / 5 for x in range(0, 100)]          # 生成0～20间隔相等的100个数
>>> y = [math.sin(x) for x in x]                # 生成x的正弦值
>>> z = [math.cos(x) for x in x]                # 生成x的余弦值
>>> fig = plt.figure()                          # 获取当前画布
>>> # 向画布内添加一个3D坐标轴，111表示第1行第1列的第一个位置；projection='3d'表示3D
坐标轴
>>> # 必须在plt.plot之前调用，否则是调用绘制2D图的接口
>>> ax = fig.add_subplot(111, projection='3d')
>>> # 绘制3D图，与2D折线图类似，只是多了一个z轴的数据
>>> plt.plot(x, y, z, label='3D line')
>>> plt.legend()                                # 添加图例
>>> plt.rcParams['axes.unicode_minus'] =False # 此设置可以让坐标轴上的负数正常显示
>>> plt.show()  # 显示图形，绘图结果如图10-15所示
```

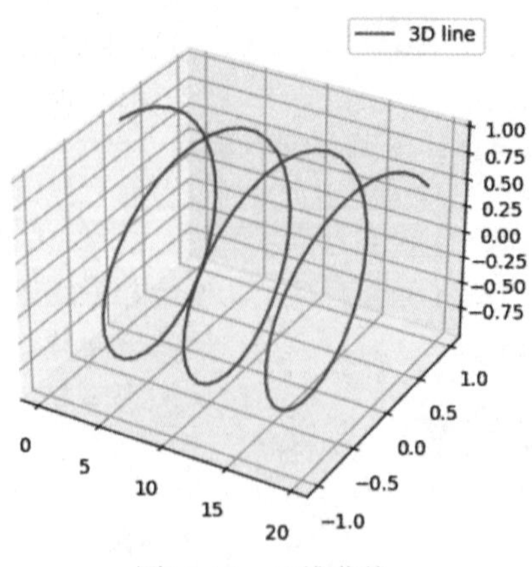

图10-15　三维曲线

10.4.8 三维曲面

三维曲面是指在三维空间中绘制的曲面图形，绘制方法如下：

```
>>> import matplotlib.pyplot as plt
>>> import numpy as np
>>> # 生成数据
>>> x = np.arange(-5, 5, 0.25) # 生成-5～5的数据，步长为0.25，表示所有x轴采样点
>>> y = np.arange(-5, 5, 0.25) # 生成-5～5的数据，步长为0.25，表示所有y轴采样点
>>> x, y = np.meshgrid(x, y)  # 生成网格点坐标矩阵（笛卡儿坐标系）
>>> z = np.sin(np.sqrt(x**2 + y**2))                    # 生成z轴数据
>>> fig = plt.figure()               # 获取当前画布
>>> # 向画布内添加一个3D坐标轴，111表示第1行第1列的第一个位置；projection='3d'表示3D
坐标轴
>>> ax = fig.add_subplot(111, projection='3d')
>>> # 绘制3D图，与2D折线图类似，只是多了一个z轴的数据，其中，参数cmap用来设置颜色映
射表。颜色映射表的功能是把z轴数据映射到特定的颜色，这里使用viridis，它是内置的一种颜
色映射表
>>> ax.plot_surface(x, y, z, cmap='viridis')
>>> plt.rcParams['axes.unicode_minus'] =False           # 此设置可以让坐标轴上的负数正
常显示
>>> plt.show()                        # 显示图形，绘图结果如图10-16所示
```

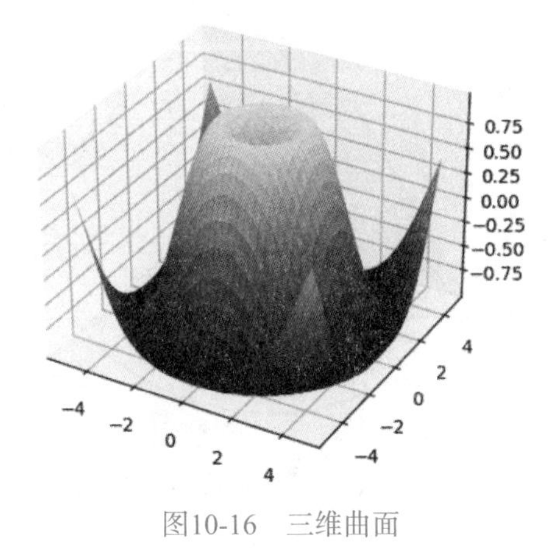

图10-16　三维曲面

10.4.9 雷达图

雷达图是一种可视化图表，也被称为蛛网图、星形图或极坐标图。它以一个中心点为起点，从中心点向外延伸出多条射线，每条射线代表一个特定的变量或指标。每条射线上的点或线段表示该变量在不同维度上的取值或得分。

```
>>> import matplotlib.pyplot as plt
>>> import numpy as np
>>> # 构造数据
>>> values = np.array([4, 3, 2, 5, 4])
```

```
>>> features = np.array(['effective', 'responsible', 'communicative',
'innovative', 'cooperative'])
>>> # 将整个雷达图分为5个维度
>>> angles = np.linspace(0, 2 * np.pi, len(values), endpoint=False)
>>> # 首尾相连，构成一个封闭图形
>>> values = np.append(values,values[0])
>>> angles = np.append(angles,angles[0])
>>> features = np.append(features,features[0])
>>> fig = plt.figure()                           # 获取当前画布
>>> ax = fig.add_subplot(111, polar=True)        # 添加一个极坐标图
>>> ax.plot(angles, values, 'o-', linewidth=2, markersize=3)    # 绘制折线
>>> ax.fill(angles, values, alpha=0.2)           # 填充颜色
>>> ax.set_ylim(0, 5)                            # 设置雷达图的范围
>>> ax.grid(True)                                # 添加网格线
>>> ax.set_thetagrids(angles * 180 / np.pi, features)   # 添加每个特征的标签
>>> plt.title('The feature of the team', va='bottom')   # 设置标题，va=
'bottom'表示标题底部对齐
>>> plt.show()                                   # 显示图形，绘图结果如图10-17所示
```

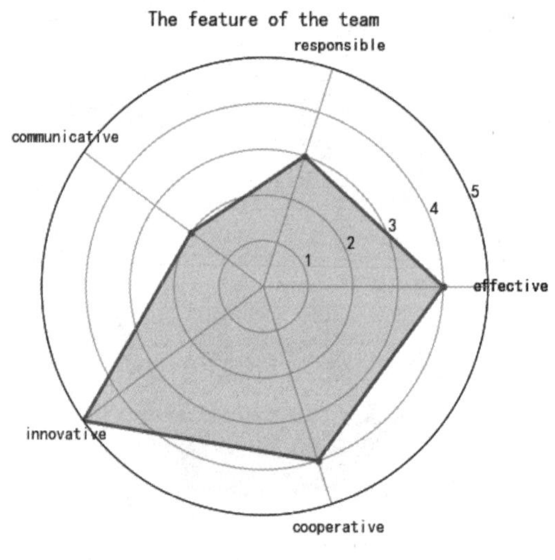

图10-17　雷达图

10.5 本章小结

Matplotlib是Python中非常流行的绘图库，为数据可视化提供了丰富的工具和接口。它允许用户创建各种类型的图表，如折线图、柱状图、散点图、饼图等，并且支持自定义图表的样式、颜色、标签等。除了基本的绘图功能外，Matplotlib还支持与其他Python库（如Pandas、NumPy、scikit-learn等）无缝集成，方便用户进行数据分析和可视化。总之，Matplotlib是Python中功能强大、易于使用的数据可视化库，被广泛应用于数据科学、机器学习、科学研究等领域。

10.6 习题

（1）请阐述Matplotlib在Python数据可视化中的重要作用。

（2）请阐述如何在Matplotlib中创建一个简单的折线图。

（3）请阐述如何使用Matplotlib绘制柱状图并添加标题和坐标轴标签。

（4）请阐述在Matplotlib中如何设置图表的线条样式、颜色和标注。

（5）请阐述Matplotlib中的子图概念，并给出一个创建多个子图的示例。

（6）请阐述如何使用Matplotlib调整图表的字号、样式和颜色。

（7）请阐述Matplotlib中图例的作用，并说明如何为图表添加图例。

（8）请阐述如何使用Matplotlib绘制散点图，并为其添加拟合线（指通过数学方法将一组离散数据点连接起来，形成一条光滑的曲线，以近似表示这些数据点之间的函数关系）。

实验6 使用Matplotlib绘制可视化图表

一、实验目的

（1）了解Matplotlib的基本概念、主要功能以及基本使用方法。

（2）熟悉Matplotlib的导入方式、图表类型选择、数据准备、图表绘制和显示等基本步骤。

（3）能够运用Matplotlib对各类数据进行可视化处理，并掌握如何绘制折线图、柱状图、散点图、饼图等多种类型的图表。

二、实验平台

（1）操作系统：Windows 7及以上。

（2）Python版本：3.12.2版本。

（3）Python第三方库：Matplotlib。

三、实验内容和要求

（1）绘制折线图。绘制以(2,2)点为中心、边长为2且平行于坐标轴的正方形。

（2）绘制散点图。绘制以(2,2)点为圆心、半径为1的圆。同时，点的数量不少于20个，且分布均匀。

（3）绘制饼图。厦门大学包括3个校区和1个分校，其中，思明校区占地2600多亩、漳州校区占地2500多亩、翔安校区占地3600多亩、马来西亚分校占地约900亩。请根据各个校区（分校）的占地面积绘制饼图。

（4）绘制柱状图。根据厦门大学各个校区（分校）的占地面积绘制柱状图。

（5）绘制箱线图。请调研相关资料，学习泊松分布、卡方分布和指数分布的概念。请以发生率为3的泊松分布，自由度为2的卡方分布，分子自由度为10、速率的倒数为2的指数分布，分别生成100个数据并绘制箱线图。

（6）绘制三维曲线。绘制一个经过点(2,0,0)、(0,2,0)、(0,0,2)的圆。

（7）绘制三维曲面。绘制以(2,2,2)点为圆心、半径为1的球。

（8）绘制雷达图。除了第（3）题中的3个校区和1个分校外，厦门大学第4校区“嘉庚号”占地约13亩。请根据各校区（分校）占地面积绘制雷达图。

四、实验报告

<table>
<tr><td colspan="5">“Python程序设计基础”课程实验报告</td></tr>
<tr><td>题目：</td><td></td><td>姓名：</td><td></td><td>日期：</td></tr>
<tr><td colspan="5">实验环境：</td></tr>
<tr><td colspan="5">实验内容与完成情况：</td></tr>
<tr><td colspan="5">出现的问题：</td></tr>
<tr><td colspan="5">解决方案（列出出现的问题和解决方案，列出没有解决的问题）：</td></tr>
</table>

第11章 网络爬虫

网络爬虫已经被广泛用于互联网搜索引擎或其他需要网络数据的企业。网络爬虫可以自动采集所有其能够访问到的页面内容，以获取或更新这些网站的内容。

本章首先介绍网络爬虫的基本概念，包括什么是网络爬虫、网络爬虫的类型、反爬机制，以及爬取策略制定，然后介绍一些网页基础知识。接下来介绍如何使用Python实现HTTP（Hypertext Transfer Protocol，超文本传送协议）请求，如何定制requests以及如何解析网页，最后给出2个网络爬虫的综合实例。

11.1 网络爬虫概述

本节介绍网络爬虫的定义、网络爬虫的类型、反爬机制，以及爬取策略制定。

11.1.1 网络爬虫的定义

网络爬虫是一个自动抓取网页的程序，它为搜索引擎从万维网上下载网页，是搜索引擎的重要组成部分。如图11-1所示，网络爬虫从一个或若干个初始网页的URL开始，获得初始网页上的URL，在抓取网页的过程中，不断从当前页面上抽取新的URL放入队列，直到满足系统的一定停止条件。比如，用户平时到天猫商城购物[PC（Personal Computer，个人计算机）端]，他的整个活动过程就是打开浏览器→搜索天猫商城→单击链接进入天猫商城→选择所需商品类目（站内搜索）→浏览商品（价格、详情参数、评论等）→单击链接→进入下一个商品页面……周而复始。现在，这个过程不再由用户自己手动去完成，而是由网络爬虫自动去完成。

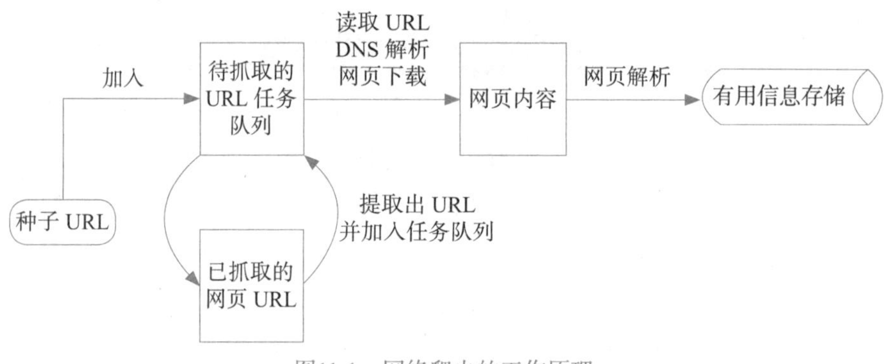

图11-1 网络爬虫的工作原理

11.1.2 网络爬虫的类型

网络爬虫的类型可以分为通用网络爬虫、聚焦网络爬虫、增量式网络爬虫、深层网络爬虫。

（1）通用网络爬虫。通用网络爬虫又称“全网爬虫”（Scalable Web Crawler），爬行对象从一些种子URL扩充到整个Web，该架构主要为门户站点搜索引擎和大型Web服务提供商采集数据。通用网络爬虫的结构大致包括页面爬行模块、页面分析模块、链接过滤模块、页面数据库、URL队列和初始URL集合。为提高工作效率，通用网络爬虫会采取一定的爬行策略。常用的爬行策略有深度优先策略和广度优先策略。

（2）聚焦网络爬虫。聚焦网络爬虫（Focused Web Crawler）又称“主题网络爬虫”（Topical Web Crawler），是指有选择性地爬取那些与预先定义好的主题相关页面的网络爬虫。和通用网络爬虫相比，聚焦网络爬虫只需要爬取与主题相关的页面，极大地节省了硬件和网络资源，保存的页面也由于数量少而更新快，还可以很好地满足一些特定人群对特定领域信息的需求。聚焦网络爬虫的工作流程较为复杂，需要根据一定的网页分析算法过滤与主题无关的链接，保留有用的链接并将其放入等待抓取的URL任务队列。然后，它将根据一定的爬行（搜索）策略从队列中选择下一步要抓取的网页URL，并重复上述过程，直到达到系统的某一条件时停止。另外，所有被爬虫抓取的网页将会被系统存储，进行一定的分析、过滤，并建立索引，以便用于之后的查询和检索；对于聚焦网络爬虫来说，这一过程所得到的分析结果还可能对以后的抓取过程给出反馈和指导。聚焦网络爬虫常用的爬行策略包括基于内容评价的爬行策略、基于链接结构评价的爬行策略、基于增强学习的爬行策略和基于语境图的爬行策略。

（3）增量式网络爬虫。增量式网络爬虫（Incremental Web Crawler）是指对已下载网页采取增量式更新和只爬取新产生的或者已经发生变化的网页的爬虫，它能够在一定程度上保证所爬取的页面是尽可能新的页面。和周期性爬取与刷新页面的网络爬虫相比，增量式网络爬虫只会在需要的时候爬取新产生或发生变化的页面，并不重新下载没有发生变化的页面，可有效减少数据下载量，及时更新已爬取的网页，减小时间和空间上的耗费，但是增加了爬行算法的复杂度和实现难度。增量式网络爬虫有两个目标：第一，保持本地页面集中存储的页面为最新页面；第二，提高本地页面集中页面的质量。为实现第一个目标，增量式网络爬虫需要通过重新访问网页来更新本地页面集中的页面内容。为了实现第二个目标，增量式网络爬虫需要对网页的重要性进行排序，常用的策略包括广度优先策略和PageRank优先策略等。

（4）深层网络爬虫。深层网络爬虫将Web页面按存在方式分为表层网页（Surface Web）和深层网页（Deep Web，也称Invisible Web Page或Hidden Web）。表层网页是指传统搜索引擎可以索引的页面，以超链接可以到达的静态网页为主构成的Web页面。深层网页是那些大部分内容不能通过静态链接获取的、隐藏在搜索表单后的、只有用户提交一些关键词才能获得的Web页面。深层网络爬虫体系结构包含6个基本功能模块（爬行控制器、解析器、表单分析器、表单处理器、响应分析器、LVS控制器）和2个爬虫内部数据结构（URL列表、LVS表）。

11.1.3 反爬机制

1．为什么会有反爬机制

为什么会有反爬机制？原因主要有两点：第一，在大数据时代，数据是十分宝贵的财富，很多企业不愿意让自己的数据被别人免费获取，因此，很多企业都为自己的网站运用了反爬机制，防止网页上的数据被爬走；第二，简单低级的网络爬虫的数据采集速度快，伪装度低，如果没有反爬机制，它们可以很快地抓取大量数据，甚至会因为请求过多，造成网站服务器不能正常工作，影响企业的业务开展。

反爬机制也是一把双刃剑，一方面可以保护企业网站和网站数据，但是，另一方面，如果反爬机制过于严格，可能会误伤到真正的用户请求，也就是真正的用户请求被错误当成网络爬虫而被拒绝访问。如果既要和网络爬虫“死磕”，又要保证很低的误伤率，就会增加网站研发的成本。

通常而言，伪装度高的网络爬虫速度慢，对服务器造成的负载也相对较小。所以，网站反爬的重点通常是针对简单粗暴的数据采集。有时反爬机制也会允许伪装度高的网络爬虫获得数据，毕竟伪装度高的数据采集与真实用户请求没有太大差别。

2．反爬手段

网络爬虫行为与普通用户访问网站的行为极为类似，网站所有者在进行反爬时会尽可能地减少这一操作对普通用户的干扰。网站常用的反爬手段主要包括以下几种。

（1）通过User-Agent校验反爬。User-Agent校验是一种常见的反爬手段，其通过检测请求头中的User-Agent字段来识别和拒绝来自网络爬虫的请求。许多网站使用User-Agent校验来防止未经授权的爬取和数据抓取。当一个请求发送到服务器时，服务器会检查请求头中的User-Agent字段。如果User-Agent标识为常见的网络爬虫或自动化工具，服务器可能会拒绝该请求或返回错误响应。这样，网络爬虫就无法获取网页内容，从而达到了反爬的目的。User-Agent校验的优点是简单易行，能够有效地阻止大部分自动化工具和初级的网络爬虫。然而，它也存在一些缺点，一些高级的网络爬虫可以伪造或修改User-Agent字段，绕过这种校验。此外，User-Agent校验也可能会误判一些合法的用户请求，影响用户体验。

（2）通过访问频率反爬。通过访问频率反爬是一种常见的手段，旨在防止网络爬虫对网站造成过大的负载和干扰。这种手段通常通过限制单个IP地址或用户在单位时间内的访问频率来实现。网站可以设置阈值，规定来自同一IP地址的请求频率上限。如果一个IP地址在短时间内发送的请求超过了预设的阈值，服务器可能会暂时拒绝该IP地址的访问，或者返回错误响应。这样可以防止网络爬虫对服务器造成过大的负载，保护网站的正常运行。访问频率限制的优点是简单高效，能够有效地遏制恶意网络爬虫和攻击。然而，它也存在一些局限性，一些合法的用户可能在短时间内产生大量的请求，例如使用代理或VPN（Virtual Private Network，虚拟专用网络）的用户，他们可能会被误判为网络爬虫。此外，一些高级的网络爬虫可以伪造或修改IP地址，绕过访问频率限制。

（3）通过验证码校验反爬。这种反爬手段通过要求用户输入特定的验证码来验证请求的合法性。验证码可以是图片中的字符、数字或逻辑问题，用户需要输入正确的答案才能继续访问。验证码校验的原理是增加自动化请求的难度，使得网络爬虫难以自动识别和输入验证码。通过验证码校验，可以有效地阻止恶意网络爬虫和自动化工具的访问，保护网站的数据安全和正常运行。验证码校验的优点是简单易行，能够有效地遏制恶意网络爬虫和攻击。但是，它也存在一些缺点，对于人类用户来说，验证码可能会造成不便和困扰，影响用户体验。此外，一些高级的网络爬虫可以识别或破解验证码，绕过验证码校验。

（4）通过变换网页结构反爬。通过变换网页结构反爬是一种有效的手段，其通过不断改变网页的布局和结构，使得网络爬虫难以跟踪和抓取数据。这种手段通常包括动态加载内容、使用AJAX（Asynchronous JavaScript and XML，异步JavaScript和XML）或WebSocket等技术实现实时数据交互等。通过动态加载内容，网站可以将重要数据隐藏在JavaScript代码中，或者通过后端接口返回数据。网络爬虫无法直接获取HTML页面内容，而是需要模拟浏览器行为，解析JavaScript代码或调用后端接口来获取数据。这增加了网络爬虫的难度和成本，降低了数据被爬取的风险。使用AJAX或WebSocket等技术可以实现实时数据交互，使得网页内容能够动态更新而不需要重新加载整个页面。这使得网络爬虫难以跟踪页面的变化，因为每次请求返回的内容可能不同。变换网页结构的优点是能够有效地防止网络爬虫抓取数据，保护网站的安全和隐私。但是，它也存在一些局限性，对于一些持续跟踪和获取网页内容的合法请求（例如搜索引擎网络爬虫），这种策略可能会造成干扰和误判。此外，频繁变换网页结构也可能会影响用户体验，因为用户需要适应不断变化的页面布局和功能。

（5）通过账号授权反爬。账号授权反爬是一种通过要求用户登录或授权访问特定资源的方式来防止网络爬虫抓取数据的手段。这种手段要求用户提供账号和密码或其他身份验证方式，以确保请求来自合法用户。通过账号授权，网站可以控制敏感数据的访问权限，仅允许已授权的用户访问。当用户尝试访问需要授权的资源时，网站会要求用户登录或完成其他身份验证步骤。只有成功通过验证的用户才能获得访问权限。账号授权的优点是能够提供较高的安全性和隐私保护，有效地防止未经授权的爬取和数据泄露。但是，它也存在一些缺点，对于一些公开或不需要身份验证的信息，账号授权可能会造成不必要的麻烦和额外的工作量。此外，对于合法用户来说，频繁的身份验证可能会影响用户体验。

11.1.4 爬取策略制定

针对上面介绍的网站常用的反爬手段，可以制定以下相对应的爬取策略。

（1）发送模拟User-Agent。User-Agent是请求头中的一项信息，用于标识发出请求的浏览器类型、版本和操作系统等。一些网站会根据User-Agent来判断请求是否来自真实的浏览器，从而拒绝或限制网络爬虫的访问。为了绕过这种反爬手段，可以使用模拟User-Agent的方法。开发者可以编写代码来模拟常见的浏览器User-Agent，如Chrome User-Agent、Firefox User-Agent等，这样网络爬虫发出的请求头中的User-Agent就会与真实用户发出的相似。通过伪装成真实浏览器的User-Agent，网络爬虫能够更顺利地获取网页内容，避免被网站的反爬机制识别和拦截。

（2）调整访问频率。应对网站反爬手段的方法之一是通过调整访问频率来避免被识别和限制。一些网站会检测单个IP地址在单位时间内的访问次数，如果超出预设的阈值，可能会被视为恶意网络爬虫而被拒绝访问。为了规避这种反爬手段，开发者可以控制网络爬虫的访问频率，降低单位时间内发送请求的频率。通过合理安排发送请求的时间间隔和数量，可以降低被网站识别和限制的风险。例如，可以使用定时器控制网络爬虫在特定时间段内发送请求，避免过于集中地发送请求。此外，还可以使用代理IP地址来分散访问频率，使得单个IP地址的请求量更加平均和分散。

（3）通过验证码校验。对于一定要输入验证码才能进行操作的网站，可以通过算法识别验证码或使用Cookie绕过验证码，然后进行后续的操作。需要注意的是，Cookie有可能会过期，且过期的Cookie无法使用。

（4）应对网站结构变化。可以使用脚本对网站结构进行监测，若结构发生变化，则发出警告并及时停止网络爬虫，避免爬取过多无效数据。

（5）通过账号权限限制。对于需要登录的网站，可以通过模拟登录的方法对反爬手段进行规避。当模拟登录时，除了需要提交账号和密码，往往还需要通过验证码校验。

11.2 网页基础知识

为了更好地掌握网络爬虫相关知识，我们需要了解一些基本的网页知识，包括超文本、HTML、HTTP等。

11.2.1 超文本和HTML

超文本（Hypertext）是指使用超链接的方法，把文字和图片信息相互联结，形成具有相关信息的体系。超文本的格式有很多，目前使用较广泛的是HTML，我们平时在浏览器里看到的网页就是由HTML源代码解析而成的。下面是网页文件web_demo.html的HTML源代码：

```
<html>
<head><title>搜索指数</title></head>
```

```
<body>
<table>
<tr><td>排名</td><td>关键词</td><td>搜索指数</td></tr>
<tr><td>1</td><td>大数据</td><td>187767</td></tr>
<tr><td>2</td><td>云计算</td><td>178856</td></tr>
<tr><td>3</td><td>物联网</td><td>122376</td></tr>
</table>
</body>
</html>
```

使用网页浏览器（如Edge、Firefox等）打开这个网页文件，就会看到图11-2所示的网页内容。

排名	关键词	搜索指数
1	大数据	187767
2	云计算	178856
3	物联网	122376

图11-2　网页文件显示效果

11.2.2 HTTP

HTTP是由W3C（World Wide Web Consortium，万维网联盟）和IETF（Internet Engineering Task Force，因特网工程任务组）共同制定的规范。HTTP是用于从网络传输超文本数据到本地浏览器的传送协议，它能保证高效而准确地传送超文本数据。

HTTP是基于"客户端/服务器"架构进行通信的，HTTP的服务器端实现程序有httpd、NGINX等，客户端的实现程序主要是Web浏览器，例如Firefox、Edge、Chrome、Safari、Opera等。Web浏览器和Web服务器之间可以通过HTTP进行通信。

一个典型的HTTP请求过程如下（见图11-3）。

（1）用户在浏览器中输入网址，浏览器向网页服务器发起请求。

（2）网页服务器接收用户访问请求，处理请求，产生响应（即把处理结果以HTML形式返回给浏览器）。

（3）浏览器接收来自网页服务器的HTML内容，进行渲染以后展示给用户。

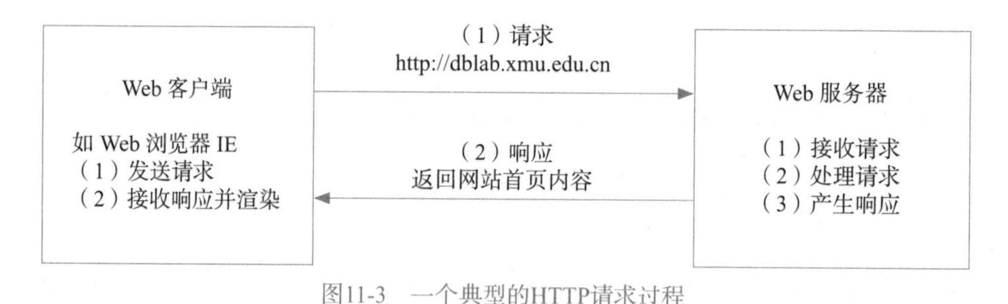

图11-3　一个典型的HTTP请求过程

11.3 用Python实现HTTP请求

在网络数据采集中，读取URL、下载网页是网络爬虫必备而又关键的功能，而这两个功能必然离不开与HTTP打交道。本节介绍用Python实现HTTP请求的常见的3种方式：urllib、urllib3和requests。

11.3.1 urllib模块

urllib是Python自带模块，该模块提供了一个urlopen()方法，通过该方法指定URL发送HTTP请求来获取数据。urllib提供了多个子模块，具体的模块名称与功能如表11-1所示。

表11-1 urllib中的子模块

模块名称	功能
urllib.request	该模块定义了打开URL（主要是HTTP）的方法和类，如身份验证、重定向和Cookie等
urllib.error	该模块中主要包含异常类，基本的异常类是URLError
urllib.parse	该模块定义的功能分为两大类：URL解析和URL引用
urllib.robotparser	该模块用于解析robots.txt文件

下面是通过urllib.request模块实现发送GET请求获取网页内容的实例：

```
>>> import urllib.request
>>> response=urllib.request.urlopen("http://www.***.com")
>>> html=response.read()
>>> print(html)
```

下面是通过urllib.request模块实现发送POST请求获取网页内容的实例：

```
>>> import urllib.parse
>>> import urllib.request
>>> # 1.指定URL
>>> url = 'https://fanyi.***.com/sug'
>>> # 2.发送POST请求之前，要处理POST请求携带的参数
>>> # 2.1 将POST请求封装到字典
>>> data = {'kw':'苹果',}
>>> # 2.2 使用urllib.parse模块中的urlencode()（返回值类型是字符串类型）进行编码处理
>>> data = urllib.parse.urlencode(data)
>>> # 将步骤2.2的编码结果转换成字节类型
>>> data = data.encode()
>>> # 3.发送POST请求：urlopen()函数的data参数表示的就是经过处理之后的POST请求携带的
参数
>>> response = urllib.request.urlopen(url=url,data=data)
>>> data = response.read()
>>> print(data)
b'{"errno":0,"data":[{"k":"\\u82f9\\u679c","v":"\\u540d.
   apple"},{"k":"\\u82f9\\u679c\\u56ed","v":"apple
   grove"},{"k":"\\u82f9\\u679c\\u5934","v":"apple
   head"},{"k":"\\u82f9\\u679c\\u5e72","v":"[\\u533b]dried
   apple"},{"k":"\\u82f9\\u679c\\u6728","v":"applewood"}]}'
```

把上面print(data)执行的结果拿到JSON在线格式校验网站进行处理，使用“Unicode转中文”功能可以得到如下结果：

```
b'{"errno":0,"data":[{"k":"\苹\果","v":"\名. apple"},{"k":"\苹\果\园","v":
"apple grove"},{"k":"\苹\果\头","v":"apple head"},{"k":"\苹\果\干","v":"[\医]
dried apple"},{"k":"\苹\果\木","v":"applewood"}]}'
```

11.3.2 urllib3模块

urllib3是一个功能强大、条理清晰、用于HTTP客户端的Python库，许多Python的原生系统已经开始使用urllib3。urllib3提供了很多Python标准库里所没有的重要特性，包括线程安全、连接池、客户端SSL（Secure Socket Layer，安全套接字层）/TLS（Transport Layer Security，传输层安全协议）验证、文件分部编码上传、协助处理重复请求和HTTP重定位、支持压缩编码、支持HTTP和Socks代理、100%测试覆盖率等。

在使用urllib3之前，需要打开“命令提示符”窗口，使用如下命令安装urllib3：

```
> pip install urllib3
```

下面是通过GET请求获取网页内容的实例：

```
>>> import urllib3
>>> #需要一个PoolManager实例来生成请求，由该实例对象处理与线程池的连接以及线程安全的所有细节，不需要任何人为操作
>>> http = urllib3.PoolManager()
>>> response = http.request('GET','http://www.***.com')
>>> print(response.status)
>>> print(response.data)
```

下面是通过POST请求获取网页内容的实例：

```
>>> import urllib3
>>> http = urllib3.PoolManager()
>>> response = http.request('POST',
              'https://fanyi.***.com/sug'
              ,fields={'kw':'苹果',})
>>> print(response.data)
```

11.3.3 requests模块

requests是一个非常好用的HTTP请求库，可用于网络请求和网络爬虫等。

在使用requests之前，需要打开cmd窗口，使用如下命令安装requests：

```
> pip install requests
```

以GET请求方式为例，输出多种请求信息的代码如下：

```
>>> import requests
>>> response = requests.get('http://www.***.com')  #对需要爬取的网页发送请求
>>> print('状态码:',response.status_code)              #输出状态码
>>> print('url:',response.url)                         #输出请求URL
>>> print('header:',response.headers)                  #输出头部信息
>>> print('cookie:',response.cookies)                  #输出Cookie信息
>>> print('text:',response.text)                       #以文本形式输出网页源代码
```

```
>>> print('content:',response.content)        #以字节流形式输出网页源代码
```

以POST请求方式发送HTTP网页请求的示例代码如下：

```
>>> import requests
>>> #导入模块
>>> import requests
>>> #表单参数
>>> data = {'kw':'苹果',}
>>> #对需要爬取的网页发送请求
>>> response = requests.post('https://fanyi.***.com/sug',data=data)
>>> #以字节流形式输出网页源代码
>>> print(response.content)
```

11.4 定制requests

通过前面的介绍，我们已经知道如何爬取网页的HTML代码数据了，但有时候我们还需要对requests的参数进行设置，才能顺利获取我们需要的数据，包括传递URL参数、定制请求头、设置网络超时等。

11.4.1 传递URL参数

为了请求特定的数据，我们需要在URL的查询字符串中加入一些特定的数据。这些数据一般会跟在一个问号后面，并且以键值对的形式放在URL中。在requests中，我们可以直接把这些参数保存在字典中，用params将它们构建到URL中。具体实例如下：

```
>>> import requests
>>> base_url = 'http://http.***.org'
>>> param_data = {'user':'xmu','password':'123456'}
>>> response = requests.get(base_url+'/get',params=param_data)
>>> print(response.url)
http://http.***.org/get?user=xmu&password=123456
>>> print(response.status_code)
200
```

11.4.2 定制请求头

在爬取网页的时候，输出的信息中有时会出现“抱歉，无法访问”等提示，这意味着禁止爬取，需要通过定制请求头（Headers）来解决这个问题。定制请求头是解决requests请求被拒绝的方法之一，相当于我们进入这个网页服务器，假装自己本身在爬取数据。请求头提供了关于请求、响应或其他发送实体的消息，如果没有定制请求头或请求的请求头和实际网页的不一致，就可能无法返回正确结果。

获取一个网页的请求头的方法如下：使用360安全浏览器、Firefox浏览器或Chrome浏览器打开一个网址（比如“http://http.***.org/”），在网页上右击，在弹出的菜单中选择“查看元素”，然后

刷新网页。再按照图11-4所示的步骤，先单击“Network”标签，再在打开的选项卡中单击“Doc”，接下来单击“Name”下方的网址，就会出现类似如下的请求头信息：

```
User-Agent:Mozilla/5.0 (Windows NT 6.1; WOW64) AppleWebKit/537.36 (KHTML, like Gecko) Chrome/46.0.2490.86 Safari/537.36
```

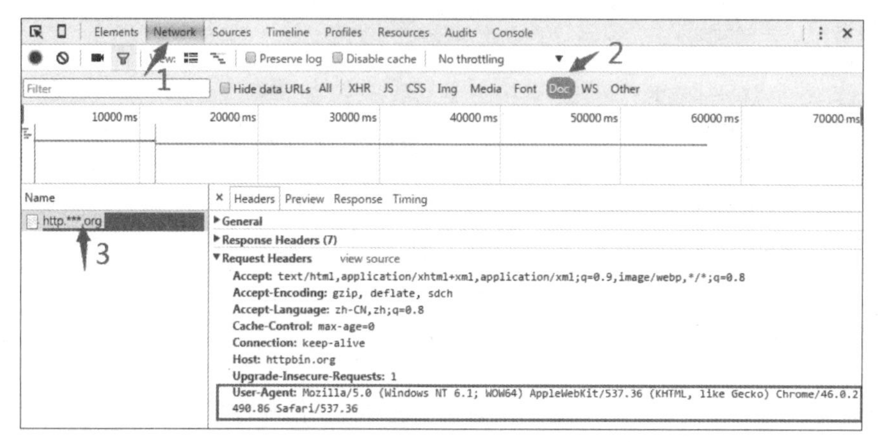

图11-4 查看请求头

请求头中有很多内容，其中常用的就是“User-Agent”和“Host”，它们是以键值对的形式呈现的。如果把“User-Agent”以字典键值对形式作为请求头的内容，往往可以顺利爬取网页内容。

下面是添加了请求头信息的网页请求过程：

```
>>> import requests
>>> url='http://http.***.org'
>>> # 添加请求头信息
>>> headers={'User-Agent':'Mozilla/5.0 (Windows NT 6.1; WOW64) AppleWebKit/537.36 (KHTML, like Gecko) Chrome/46.0.2490.86 Safari/537.36'}
>>> response = requests.get(url,headers=headers)
>>> print(response.content)
```

11.4.3 设置网络超时

在进行网络请求时，可能会遇到请求超时的情况，这时，网络数据采集程序会一直运行等待进程，导致网络数据采集程序不能顺利执行。因此，可以为requests的timeout参数设定等待秒数，如果服务器在指定时间内没有响应就返回异常。具体代码如下：

```
# time_out.py
import requests
from requests.exceptions import ReadTimeout,ConnectTimeout
try:
    response = requests.get("http://www.***.com", timeout=0.5)
    print(response.status_code)
except ReadTimeout or ConnectTimeout:
    print('Timeout')
```

11.5 解析网页

在爬取到网页之后，需要对网页数据进行解析，获得我们需要的数据内容。BeautifulSoup是一个HTML/XML解析器，主要功能是解析和提取HTML/XML数据。本节介绍BeautifulSoup的使用方法。

11.5.1 BeautifulSoup简介

BeautifulSoup提供一些简单的、Python式的函数来处理导航、搜索、修改分析树等。BeautifulSoup是一个工具箱，通过解析文档为用户提供需要抓取的数据。因为其操作比较简单，所以编写一个完整的应用程序需要的代码量较少。BeautifulSoup自动将输入文档转换为Unicode编码，并将输出文档转换为UTF-8编码。BeautifulSoup 3已经停止开发，推荐使用BeautifulSoup 4，不过它已经被移植到bs4中了，所以，在使用BeautifulSoup 4之前，需要执行以下命令安装bs4：

```
> pip install bs4
```

使用BeautifulSoup解析HTML比较简单，其API设计非常人性化，支持CSS（Cascading Style Sheets，串联样式表）选择器、Python标准库中的HTML解析器、lxml的XML解析器和HTML解析器，以及html5lib解析器，表11-2给出了不同解析器的优缺点比较。

表 11-2 不同解析器的优缺点比较

解析器	用法	优点	缺点
Python标准库中的HTML解析器	BeautifulSoup(markup,"html.parser")	Python标准库 执行速度适中	文档容错能力差
lxml的HTML解析器	BeautifulSoup(markup,"lxml")	执行速度快，文档容错能力强	需要安装C语言库
lxml的XML解析器	BeautifulSoup(markup, "lxml-xml") BeautifulSoup(markup,"xml")	执行速度快，唯一支持XML的解析器	需要安装C语言库
html5lib解析器	BeautifulSoup(markup, "html5lib")	兼容性好 以浏览器的方式解析文档，生成HTML5格式的文档	执行速度慢，不依赖外部扩展

总体而言，如果需要快速解析网页，建议使用lxml解析器；如果使用的Python 2.x是2.7.3版本之前的版本，或者使用的Python 3.x是3.2.2版本之前的版本，则很有必要安装使用html5lib或lxml解析器，因为Python标准库中的HTML解析器不能很好地适应这些版本。

下面给出一个用BeautifulSoup解析网页的简单实例，这里使用了lxml解析器，在使用之前，需要执行如下命令安装lxml解析器：

```
> pip install lxml
```

下面是实例代码：

```
>>> html_doc = """
<html><head><title>BigData Software</title></head>
<p class="title"><b>BigData Software</b></p>
<p class="bigdata">There are three famous bigdata softwares; and their names are
```

```
<a href="http://example.com/hadoop" class="software" id="link1">Hadoop</a>,
<a href="http://example.com/spark" class="software" id="link2">Spark</a> and
<a href="http://example.com/flink" class="software" id="link3">Flink</a>;
and they are widely used in real applications.</p>
<p class="bigdata">...</p>
"""
>>> from bs4 import BeautifulSoup
>>> soup = BeautifulSoup(html_doc,"lxml")
>>> content = soup.prettify()
>>> print(content)
<html>
 <head>
  <title>
   BigData Software
  </title>
 </head>
 <body>
  <p class="title">
   <b>
    BigData Software
   </b>
  </p>
  <p class="bigdata">
   There are three famous bigdata softwares; and their names are
   <a class="software" href="http://example.com/hadoop" id="link1">
    Hadoop
   </a>
   ,
   <a class="software" href="http://example.com/spark" id="link2">
    Spark
   </a>
   and
   <a class="software" href="http://example.com/flink" id="link3">
    Flink
   </a>
   ;
and they are widely used in real applications.
  </p>
  <p class="bigdata">
   ...
  </p>
 </body>
</html>
```

如果要更换解析器，比如要使用Python标准库中的解析器，只需要把上面的“soup = BeautifulSoup

(html_doc,"lxml")”这行代码替换成如下代码即可：

```
soup = BeautifulSoup(html_doc,"html.parser")
```

11.5.2 BeautifulSoup四大对象

BeautifulSoup将复杂的HTML文档转换成复杂的树形结构，这个结构中的每个节点都是Python对象，所有对象可以归纳为4种类型：Tag、NavigableString、BeautifulSoup、Comment。

1. Tag

Tag就是HTML中的标签，例如：

```
<title>BigData Software</title>
<a href="http://example.com/hadoop" class="software" id="link1">Hadoop</a>
```

上面的<title>、<a>等标签加上里面包括的内容就是Tag，利用“soup.标签名”可以轻松地获取这些标签的内容。作为演示，我们可以在11.5.1小节的实例代码之后继续执行以下代码：

```
>>> print(soup.a)
<a class="software" href="http://example.com/hadoop" id="link1">Hadoop</a>
>>> print(soup.title)
<title>BigData Software</title>
```

Tag有两个重要的属性，即name和attrs。继续执行如下代码：

```
>>> print(soup.name)
[document]
>>> print(soup.p.attrs)
{'class': ['title']}
```

如果想要单独获取某个属性的值，比如要获取“class”属性的值，可以执行如下代码：

```
>>> print(soup.p['class'])
['title']
```

还可以利用get()方法获得属性的值，代码如下：

```
>>> print(soup.p.get('class'))
['title']
```

2. NavigableString

NavigableString对象用于操纵字符串。在网页解析时，已经得到了标签的内容以后，如果我们想获取标签内部的文字，则可以使用.string方法，其返回值就是一个NavigableString对象，具体实例如下：

```
>>> print(soup.p.string)
BigData Software
>>> print(type(soup.p.string))
```

```
<class 'bs4.element.NavigableString'>
```

3．BeautifulSoup

BeautifulSoup对象表示的是一个文档的全部内容，大多数情况下，可以把它当作Tag对象，它是一种特殊类型的Tag对象。例如，执行如下代码可以分别获取它的类型、名称以及属性：

```
>>> print(type(soup.name))
<class 'str'>
>>> print(soup.name)
[document]
>>> print(soup.attrs)
{}
```

4．Comment

Comment对象是一种特殊类型的NavigableString对象，其输出的内容不包括注释符号。如果不能正确处理Comment对象，可能会为文本处理带来不必要的麻烦。为了演示Comment对象，这里重新创建一个代码文件bs4_example.py：

```
# bs4_example.py
html_doc = """
<html><head><title>The Dormouse's story</title></head>
<p class="title"><b>The Dormouse's story</b></p>
<p class="story">Once upon a time there were three little sisters; and their names were
<a href="http://example.com/elsie" class="sister" id="link1"><!-- Elsie --></a>,
<a href="http://example.com/lacie" class="sister" id="link2">Lacie</a> and
<a href="http://example.com/tillie" class="sister" id="link3">Tillie</a>;
and they lived at the bottom of a well.</p>
<p class="story">...</p>
"""
from bs4 import BeautifulSoup
soup = BeautifulSoup(html_doc,"lxml")
print(soup.a)
print(soup.a.string)
print(type(soup.a.string))
```

该代码文件的执行结果如下：

```
<a class="sister" href="http://example.com/elsie" id="link1"><!-- Elsie --></a>
Elsie
<class 'bs4.element.Comment'>
```

从上面的执行结果可以看出，<a>标签里的内容“<!-- Elsie -->”实际上是注释，但是使用语句print(soup.a.string)输出它的内容后发现，注释符号已经被去掉了，只输出了“Elsie”，所以这可能会给我们带来不必要的麻烦。另外，我们输出它的类型后，发现它是Comment类型。

通过上面的介绍，我们已经了解了BeautifulSoup的基本概念，现在的问题是如何从HTML中找到我们需要的数据。BeautifulSoup提供了两种方式来解决这个问题，一种是遍历文档树，另一种是搜索文档树，通常把两者结合起来完成查找任务。

11.5.3 遍历文档树

遍历文档树就是从根节点<html>标签开始遍历，直到找到目标元素为止。

1．直接子节点

（1）.contents属性。Tag对象的.contents属性可以将某个Tag对象的子节点以列表的方式输出，这个列表允许我们用索引的方式来获取列表中的元素。下面是示例代码：

```
>>> html_doc = """
<html><head><title>BigData Software</title></head>
<p class="title"><b>BigData Software</b></p>
<p class="bigdata">There are three famous bigdata softwares; and their names are
<a href="http://example.com/hadoop" class="software" id="link1">Hadoop</a>,
<a href="http://example.com/spark" class="software" id="link2">Spark</a> and
<a href="http://example.com/flink" class="software" id="link3">Flink</a>;
and they are widely used in real applications.</p>
<p class="bigdata">...</p>
"""
>>> from bs4 import BeautifulSoup
>>> soup = BeautifulSoup(html_doc,"lxml")
>>> print(soup.body.contents)
[<p class="title"><b>BigData Software</b></p>, '\n', <p class="bigdata">There are three famous bigdata softwares; and their names are
<a class="software" href="http://example.com/hadoop" id="link1">Hadoop</a>,
<a class="software" href="http://example.com/spark" id="link2">Spark</a> and
<a class="software" href="http://example.com/flink" id="link3">Flink</a>;
and they are widely used in real applications.</p>, '\n', <p class="bigdata">... </p>, '\n']
```

可以使用索引的方式来获取列表中的元素：

```
>>> print(soup.body.contents[0])
<p class="title"><b>BigData Software</b></p>
```

（2）.children属性。Tag对象的.children属性是一个迭代器，可以使用for循环进行遍历，代码如下：

```
>>> for child in soup.body.children:
        print(child)
```

上面代码的执行结果如下：

```
<p class="title"><b>BigData Software</b></p>
<p class="bigdata">There are three famous bigdata softwares; and their names are
<a class="software" href="http://example.com/hadoop" id="link1">Hadoop</a>,
<a class="software" href="http://example.com/spark" id="link2">Spark</a> and
<a class="software" href="http://example.com/flink" id="link3">Flink</a>;
and they are widely used in real applications.</p>
<p class="bigdata">...</p>
```

2. 所有子孙节点

在获取所有子孙节点时，可以使用.descendants属性，与Tag对象的.children属性和.contents属性仅包含Tag对象的直接子节点不同，该属性将Tag对象的所有子孙节点进行递归循环，然后生成生成器。示例代码如下：

```
>>>  for child in soup.descendants:
         print(child)
```

由于上面代码的执行结果较多，因此这里没有给出结果。在执行结果中，所有的节点都会被输出，先生成最外层的<html>标签，其次从<head>标签一个个剥离，依次类推。

3. 节点内容

（1）Tag对象内没有标签的情况。

```
>>> print(soup.title)
<title>BigData Software</title>
>>> print(soup.title.string)
BigData Software
```

（2）Tag对象内有一个标签的情况。

```
>>> print(soup.head)
<head><title>BigData Software</title></head>
>>> print(soup.head.string)
BigData Software
```

（3）Tag对象内有多个标签的情况。

```
>>> print(soup.body)
<body><p class="title"><b>BigData Software</b></p>
<p class="bigdata">There are three famous bigdata softwares; and their names are
<a class="software" href="http://example.com/hadoop" id="link1">Hadoop</a>,
<a class="software" href="http://example.com/spark" id="link2">Spark</a> and
<a class="software" href="http://example.com/flink" id="link3">Flink</a>;
and they are widely used in real applications.</p>
<p class="bigdata">...</p>
</body>
```

从上面代码的执行结果中可以看出，<body>标签内包含多个<p>标签，这时如果使用.string属性获取子节点内容，就会返回None，代码如下：

```
>>> print(soup.body.string)
None
```

也就是说，如果Tag包含多个子节点，Tag就无法确定.string属性应该获取哪个子节点的内容，因此.string属性的输出结果是None。这时应该使用.strings属性或.stripped_strings属性，它们获得的都是一个生成器，示例代码如下：

```
>>> print(soup.strings)
<generator object Tag._all_strings at 0x0000000002C4D190>
```

可以用for循环对生成器进行遍历，代码如下：

```
>>> for string in soup.strings:
        print(repr(string))
```

上面代码的执行结果如下：

```
'BigData Software'
'\n'
'BigData Software'
'\n'
'There are three famous bigdata softwares; and their names are\n'
'Hadoop'
',\n'
'Spark'
' and\n'
'Flink'
';\nand they are widely used in real applications.'
'\n'
'...'
'\n'
```

使用Tag对象的.stripped_strings属性，可以获得去掉空白行的标签内的众多内容，示例代码如下：

```
>>> for string in soup.stripped_strings:
        print(string)
```

上面代码的执行结果如下：

```
BigData Software
BigData Software
There are three famous bigdata softwares; and their names are
Hadoop
,
```

```
Spark
and
Flink
;
and they are widely used in real applications.
...
```

4．父节点

使用Tag对象的.parent属性可以获得直接父节点，使用Tag对象的.parents属性可以获得从父节点到根节点的所有父节点。

下面是获取标签的直接父节点：

```
>>> p = soup.p
>>> print(p.parent.name)
body
```

下面是获取内容的直接父节点：

```
>>> content = soup.head.title.string
>>> print(content)
BigData Software
>>> print(content.parent.name)
title
```

使用Tag对象的.parents属性，得到的也是一个生成器：

```
>>> content = soup.head.title.string
>>> print(content)
BigData Software
>>> for parent in content.parents:
        print(parent.name)
```

上面代码的执行结果如下：

```
title
head
html
[document]
```

5．兄弟节点

可以使用Tag对象的.next_sibling和.previous_sibling属性分别获取下一个兄弟节点和上一个兄弟节点。需要注意的是，实际文档中Tag的.next_sibling和.previous_sibling属性通常是字符串或空白，因为空白或者换行也可以被视作一个节点。示例代码如下：

```
>>> print(soup.p.next_sibling)
# 此处返回为换行符
```

```
>>> print(soup.p.prev_sibling)
None   #没有上一个兄弟节点，返回None
>>> print(soup.p.next_sibling.next_sibling)
<p class="bigdata">There are three famous bigdata softwares; and their names are
<a class="software" href="http://example.com/hadoop" id="link1">Hadoop</a>,
<a class="software" href="http://example.com/spark" id="link2">Spark</a> and
<a class="software" href="http://example.com/flink" id="link3">Flink</a>;
and they are widely used in real applications.</p>
```

6. 全部兄弟节点

可以使用Tag对象的.next_siblings和.previous_siblings属性对当前的兄弟节点迭代输出。示例代码如下：

```
>>> for next in soup.a.next_siblings:
        print(repr(next))
```

执行结果如下：

```
    ',\n'
<a class="software" href="http://example.com/spark" id="link2">Spark</a>
' and\n'
<a class="software" href="http://example.com/flink" id="link3">Flink</a>
';\nand they are widely used in real applications.'
```

7. 前后节点

Tag对象的.next_element和.previous_element属性用于获得不分层次的前后节点，示例代码如下：

```
>>> print(soup.head.next_element)
<title>BigData Software</title>
```

8. 所有前后节点

使用Tag对象的.next_elements和.previous_elements属性可以向前或向后解析文档内容，从而获得所有前后节点。示例代码如下：

```
>>> for element in soup.a.next_elements:
        print(repr(element))
```

执行结果如下：

```
'Hadoop'
',\n'
<a class="software" href="http://example.com/spark" id="link2">Spark</a>
'Spark'
' and\n'
<a class="software" href="http://example.com/flink" id="link3">Flink</a>
'Flink'
```

```
';\nand they are widely used in real applications.'
'\n'
<p class="bigdata">...</p>
'...'
'\n'
```

11.5.4 搜索文档树

搜索文档树通常是通过指定标签名来搜索元素。此外，还可以通过指定标签的属性值来精确定位某个节点元素，最常用的两种方法是find_all()和find()，这两个方法在BeatifulSoup和Tag对象上都可以被调用。

1．find_all()

find_all()方法搜索当前Tag的所有Tag子节点，并判断其是否符合过滤器的条件，它的函数原型如下：

```
find_all( name , attrs , recursive , text , limit,**kwargs )
```

find_all()的返回值是一个Tag组成的列表，此方法的调用非常灵活，所有的参数都是可选的。

（1）name参数。设置name参数可以查找所有名为name的Tag，字符串对象会被自动忽略。

① 传入字符串。查找所有名为a的Tag，代码如下：

```
>>> print(soup.find_all('a'))
[<a class="software" href="http://example.com/hadoop" id="link1">Hadoop</
a>, <a class="software" href="http://example.com/spark" id="link2">Spark</a>,
<a class="software" href="http://example.com/flink" id="link3">Flink</a>]
```

② 传入正则表达式。如果传入正则表达式作为参数，BeautifulSoup会通过正则表达式的match()来匹配内容。下面的例子中我们要找出所有以b开头的标签，这意味着<body>和<b>标签都应该被找出：

```
>>> import re
>>> for tag in soup.find_all(re.compile("^b")):
        print(tag)
```

执行结果如下：

```
<body><p class="title"><b>BigData Software</b></p>
<p class="bigdata">There are three famous bigdata softwares; and their names are
<a class="software" href="http://example.com/hadoop" id="link1">Hadoop</a>,
<a class="software" href="http://example.com/spark" id="link2">Spark</a> and
<a class="software" href="http://example.com/flink" id="link3">Flink</a>;
and they are widely used in real applications.</p>
<p class="bigdata">...</p>
</body>
<b>BigData Software</b>
```

③ 传入列表。如果传入参数是列表，BeautifulSoup会将与列表中任一元素匹配的内容返回。下面的例子是找到文档中所有的<a>标签和<b>标签：

```
>>> print(soup.find_all(["a","b"]))
[<b>BigData Software</b>, <a class="software" href="http://example.com/
hadoop" id="link1">Hadoop</a>, <a class="software" href="http://example.com/
spark" id="link2">Spark</a>, <a class="software" href="http://example.com/
flink" id="link3">Flink</a>]
```

④ 传入True。如果传入参数是True，可以找到所有的标签。下面的例子是在文档树中查找所有包含id属性的标签，无论id的值是什么：

```
>>> print(soup.find_all(id=True))
[<a class="software" href="http://example.com/hadoop" id="link1">Hadoop</
a>, <a class="software" href="http://example.com/spark" id="link2">Spark</a>,
<a class="software" href="http://example.com/flink" id="link3">Flink</a>]
```

⑤ 传入方法。如果没有合适的过滤器，那么还可以定义一种方法，将其传入find_all()方法，该方法只接收一个元素参数，如果这种方法返回True，表示当前元素匹配并且被找到，否则返回False。下面的例子为对当前元素进行校验，如果当前元素包含class属性，不包含id属性，那么将返回True：

```
>>> def has_class_but_no_id(tag):
        return tag.has_attr('class') and not tag.has_attr('id')
```

将这个方法作为参数传入find_all()方法，将得到所有<p>标签：

```
>>> print(soup.find_all(has_class_but_no_id))
[<p class="title"><b>BigData Software</b></p>, <p class="bigdata">There
are three famous bigdata softwares; and their names are
<a class="software" href="http://example.com/hadoop" id="link1">Hadoop</a>,
<a class="software" href="http://example.com/spark" id="link2">Spark</a> and
<a class="software" href="http://example.com/flink" id="link3">Flink</a>;
and they are widely used in real applications.</p>, <p class="bigdata">...</p>]
```

（2）**kwargs参数。通过name参数可以搜索Tag的标签类型名称，如<a>、<head>、<title>等。如果要通过标签内属性的值来搜索，就要使用**kwargs这个参数以键值对的形式来指定，实例如下：

```
>>> import re
>>> print(soup.find_all(id='link2'))
[<a class="software" href="http://example.com/spark" id="link2">Spark</a>]
>>> print(soup.find_all(href=re.compile("spark")))
[<a class="software" href="http://example.com/spark" id="link2">Spark</a>]
```

使用多个指定名字的参数可以同时过滤Tag的多个属性：

```
>>> soup.find_all(href=re.compile("hadoop"), id='link1')
[<a class="software" href="http://example.com/hadoop" id="link1">Hadoop</a>]
```

如果指定的键是Python的关键字，则后面需要加下画线：

```
>>> print(soup.find_all(class_="software"))
[<a class="software" href="http://example.com/hadoop" id="link1">Hadoop</
a>, <a class="software" href="http://example.com/spark" id="link2">Spark</a>,
<a class="software" href="http://example.com/flink" id="link3">Flink</a>]
```

（3）text参数。text参数的作用和name参数的作用类似，但是text参数的搜索范围是文档中的字符串内容（不包含注释），并且是完全匹配，当然它也接收正则表达式、列表、True。实例如下：

```
>>> import re
>>> print(soup.a)
<a class="software" href="http://example.com/hadoop" id="link1">Hadoop</a>
>>> print(soup.find_all(text="Hadoop"))
['Hadoop']
>>> print(soup.find_all(text=["Hadoop", "Spark", "Flink"]))
['Hadoop', 'Spark', 'Flink']
>>> print(soup.find_all(text="bigdata"))
[]
>>> print(soup.find_all(text="BigData Software"))
['BigData Software', 'BigData Software']
>>> print(soup.find_all(text=re.compile("bigdata")))
['There are three famous bigdata softwares; and their names are\n']
```

（4）limit参数。可以通过limit参数来限制使用name参数或者attrs参数过滤出来的条目的数量，实例如下：

```
>>> print(soup.find_all("a"))
[<a class="software" href="http://example.com/hadoop" id="link1">Hadoop</
a>, <a class="software" href="http://example.com/spark" id="link2">Spark</a>,
<a class="software" href="http://example.com/flink" id="link3">Flink</a>]
>>> print(soup.find_all("a",limit=2))
[<a class="software" href="http://example.com/hadoop" id="link1">Hadoop</a>,
<a class="software" href="http://example.com/spark" id="link2">Spark</a>]
```

（5）recursive参数。调用Tag的find_all()方法时，BeautifulSoup会检索当前Tag的所有子孙节点，如果只想搜索Tag的直接子节点，可以使用参数recursive=False，实例如下：

```
>>> print(soup.body.find_all("a",recursive=False))
[]
```

在这个例子中，<a>标签都是在<p>标签内的，所以在<body>的直接子节点下搜索<a>标签是无法匹配到<a>标签的。

（6）attrs参数。attrs参数允许根据标签的属性来过滤标签。attrs可以是一个字典、一个属性名称的字符串（用于查找包含该属性名的所有标签，不论其值为何），或者是一个函数，该函数接收标签的属性并返回布尔值来决定是否选择该标签。实例如下：

```
>>> # 使用attrs参数查找所有class为'software'的<a>标签
>>> print(soup.find_all('a', attrs={'class': 'software'}))
[<a class="software" href="http://example.com/hadoop" id="link1">Hadoop</
a>, <a class="software" href="http://example.com/spark" id="link2">Spark</a>,
<a class="software" href="http://example.com/flink" id="link3">Flink</a>]
```

2．find()

find()与find_all()的区别是，find_all()将所有匹配的条目组合成一个列表返回，而find()仅返回第一个匹配的条目，除此以外，二者的用法相同。

11.5.5 CSS选择器

BeautifulSoup支持大部分的CSS选择器，在Tag或BeautifulSoup对象的select()方法中传入字符串参数，即可使用CSS选择器的语法找到对应的标签。

（1）通过标签名查找。

```
>>> print(soup.select('title'))
[<title>BigData Software</title>]
>>> print(soup.select('a'))
[<a class="software" href="http://example.com/hadoop" id="link1">Hadoop</
a>, <a class="software" href="http://example.com/spark" id="link2">Spark</a>,
<a class="software" href="http://example.com/flink" id="link3">Flink</a>]
>>> print(soup.select('b'))
[<b>BigData Software</b>]
```

（2）通过类名查找。

```
>>> print(soup.select('.software'))
[<a class="software" href="http://example.com/hadoop" id="link1">Hadoop</
a>, <a class="software" href="http://example.com/spark" id="link2">Spark</a>,
<a class="software" href="http://example.com/flink" id="link3">Flink</a>]
```

（3）通过id名查找。

```
>>> print(soup.select('#link1'))
[<a class="software" href="http://example.com/hadoop" id="link1">Hadoop</a>]
```

（4）组合查找。

```
>>> print(soup.select('p #link1'))
[<a class="software" href="http://example.com/hadoop" id="link1">Hadoop</a>]
>>> print(soup.select("head > title"))
[<title>BigData Software</title>]
```

```
>>> print(soup.select("p > a:nth-of-type(1)"))
[<a class="software" href="http://example.com/hadoop" id="link1">Hadoop</a>]
>>> print(soup.select("p > a:nth-of-type(2)"))
[<a class="software" href="http://example.com/spark" id="link2">Spark</a>]
>>> print(soup.select("p > a:nth-of-type(3)"))
[<a class="software" href="http://example.com/flink" id="link3">Flink</a>]
```

在上面的语句中，“p > a:nth-of-type(n)”的含义是选择<p>标签下面的第n个<a>标签。

（5）属性查找。

查找时还可以加入属性元素，属性需要用方括号标识。注意，属性和标签属于同一节点，所以中间不能加空格，否则会无法匹配到。

```
>>> print(soup.select('a[class="software"]'))
[<a class="software" href="http://example.com/hadoop" id="link1">Hadoop</
a>, <a class="software" href="http://example.com/spark" id="link2">Spark</a>,
<a class="software" href="http://example.com/flink" id="link3">Flink</a>]
>>> print(soup.select('a[href="http://example.com/hadoop"]'))
[<a class="software" href="http://example.com/hadoop" id="link1">Hadoop</a>]
>>> print(soup.select('p a[href="http://example.com/hadoop"]'))
[<a class="software" href="http://example.com/hadoop" id="link1">Hadoop</a>]
```

以上select()方法返回的结果都是列表形式的，可以以遍历的形式对其进行输出，然后用 get_text()方法来获取它的内容，实例如下：

```
>>> print(type(soup.select('title')))
<class 'bs4.element.ResultSet'>
>>> print(soup.select('title')[0].get_text())
BigData Software
>>> for title in soup.select('title'):
        print(title.get_text())
```

上面语句的执行结果如下：

```
BigData Software
```

11.6 综合实例

11.6.1 采集网页数据保存到文本文件

访问古诗文网站（http://www.gushiwen.cn/mingjus/），会显示图11-5所示的页面，里面包含很多名句，单击某一名句（比如“山有木兮木有枝，心悦君兮君不知”），就会出现完整的古诗页面（见图11-6）。

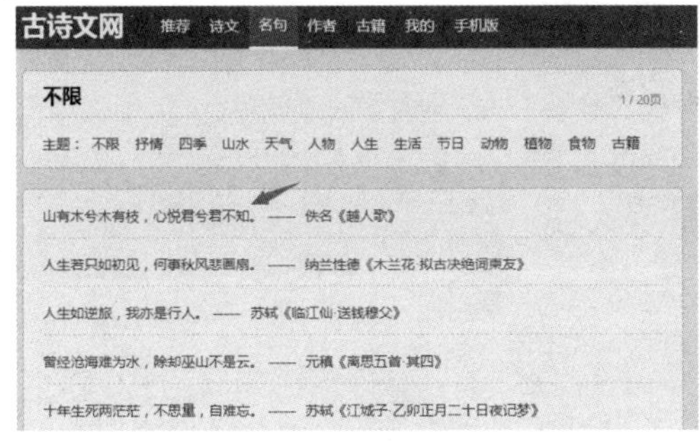

图11-5 名句页面

图11-6 完整的古诗页面

下面编写网络爬虫程序。首先，爬取名句页面的内容，并将其保存到一个文本文件中；然后，爬取每一名句的完整古诗页面，把完整古诗保存到一个文本文件中。为实现这一过程，我们可以打开一个浏览器，访问要爬取的网页，然后在浏览器中查看网页源代码，找到诗句内容所在的位置，总结出它们共同的特征，就可以将它们全部爬取出来了。具体实现代码如下：

```
#crawl_poem.py
import requests
from bs4 import BeautifulSoup

# 函数1：请求网页
def page_request(url, ua):
    response = requests.get(url, headers=ua)
    html = response.content.decode('utf-8')
    return html

# 函数2：解析网页
def page_parse(html):
    soup = BeautifulSoup(html, 'lxml')
    title = soup('title')
    # 诗句内容：诗句+出处+链接
    info = soup.select('body > div.main3 > div.left > div.sons > div.cont')
    # 诗句链接
    sentence = soup.select('div.left > div.sons > div.cont > a:nth-of-type(1)')
    sentence_list = []
    href_list = []
    for i in range(len(info)):
        curInfo = info[i]
        poemInfo = ''
        poemInfo = poemInfo.join(curInfo.get_text().split('\n'))
        sentence_list.append(poemInfo)
        href = sentence[i].get('href')
        href_list.append("https://www.gushiwen.cn/" + href)
    return [href_list, sentence_list]

def save_txt(info_list):
```

```
    import json
    with open(r'sentence.txt', 'a', encoding='utf-8') as txt_file:
        for element in info_list[1]:
            txt_file.write(json.dumps(element, ensure_ascii=False) + '\n\n')

# 子网页处理函数：进入并解析子网页/请求子网页
def sub_page_request(info_list):
    subpage_urls = info_list[0]
    ua = {
        'User-Agent': 'Mozilla/5.0 (Windows NT 6.1; WOW64) AppleWebKit/537.36
(KHTML, like Gecko) Chrome/46.0.2490.86 Safari/537.36'}
    sub_html = []
    for url in subpage_urls:
        html = page_request(url, ua)
        sub_html.append(html)
    return sub_html

# 子网页处理函数：解析子网页，爬取诗句内容
def sub_page_parse(sub_html):
    poem_list = []
    for html in sub_html:
        soup = BeautifulSoup(html, 'lxml')
        poem = soup.select('div.left > div.sons > div.cont > div.contson')
        if len(poem) == 0:
            continue
        poem = poem[0].get_text()
        poem_list.append(poem.strip())
    return poem_list

# 子网页处理函数：保存诗句到poems.txt
def sub_page_save(poem_list):
    import json
    with open(r'poems.txt', 'a', encoding='utf-8') as txt_file:
        for element in poem_list:
            txt_file.write(json.dumps(element, ensure_ascii=False) + '\n\n')

if __name__ == '__main__':
    print("**************开始爬取古诗文网站********************")
    ua = {
        'User-Agent': 'Mozilla/5.0 (Windows NT 6.1; WOW64) AppleWebKit/537.36
(KHTML, like Gecko) Chrome/46.0.2490.86 Safari/537.36'}
    poemCount = 0
    for i in range(1, 3):  # 一共爬取2页
        url = 'https://www.gushiwen.cn/mingjus/default.aspx?page=%d' % i
        print(url)
```

```
        html = page_request(url, ua)
        info_list = page_parse(html)
        save_txt(info_list)
        # 开始处理子网页
        print("开始解析第%d" % i + "页")
        # 开始解析名句子网页
        sub_html = sub_page_request(info_list)
        poem_list = sub_page_parse(sub_html)
        sub_page_save(poem_list)
        poemCount += len(info_list[0])
    print("****************爬取完成***********************")
    print("共爬取%d" % poemCount + "个古诗词名句")
    print("共爬取%d" % poemCount + "个古诗词")
```

11.6.2 采集网页数据保存到MySQL数据库

由于很多网站设计了反爬机制，可能会导致爬取网页失败，因此，这里直接采集一个本地网页文件web_demo.html，它记录了不同关键词的搜索指数排名，其内容如下：

```
<html>
<head><title>搜索指数</title></head>
<body>
<table>
<tr><td>排名</td><td>关键词</td><td>搜索指数</td></tr>
<tr><td>1</td><td>大数据</td><td>187767</td></tr>
<tr><td>2</td><td>云计算</td><td>178856</td></tr>
<tr><td>3</td><td>物联网</td><td>122376</td></tr>
</table>
</body>
</html>
```

在Windows系统中启动MySQL服务进程，打开MySQL命令行客户端，执行如下SQL语句创建数据库和表：

```
mysql > CREATE DATABASE webdb;
mysql > USE webdb;
mysql> CREATE TABLE search_index(
    -> id int,
    -> keyword char(20),
    -> number int);
```

编写网络爬虫程序，抓取网页内容并进行解析，并把解析后的数据保存到MySQL数据库中，具体代码如下：

```
# html_to_mysql.py
import requests
```

```
from bs4 import BeautifulSoup

# 读取本地HTML文件
def get_html():
        path = 'C:/web_demo.html'
        htmlfile= open(path,'r')
        html = htmlfile.read()
        return html

# 解析HTML文件
def parse_html(html):
        soup = BeautifulSoup(html,'html.parser')
        all_tr=soup.find_all('tr')[1:]
        all_tr_list = []
        info_list = []
        for i in range(len(all_tr)):
                all_tr_list.append(all_tr[i])
        for element in all_tr_list:
                all_td=element.find_all('td')
                all_td_list = []
                for j in range(len(all_td)):
                        all_td_list.append(all_td[j].string)
                info_list.append(all_td_list)
        return info_list

# 保存到数据库
def save_mysql(info_list):
        import pymysql.cursors
        # 连接数据库
        connect = pymysql.Connect(
            host='localhost',
            port=3306,
            user='root',  # 数据库用户名
            passwd='123456',  # 密码
            db='webdb',
            charset='utf8'
        )

        # 获取游标
        cursor = connect.cursor()

        # 插入数据
        for item in info_list:
                id = int(item[0])
                keyword = item[1]
```

```
            number = int(item[2])
            sql = "INSERT INTO search_index(id,keyword,number) VALUES ('%d', '%s', %d)"
            data = (id,keyword,number)
            cursor.execute(sql % data)
            connect.commit()
        print('成功插入数据')

        # 关闭数据库连接
        connect.close()

if __name__ =='__main__':
        html = get_html()
        info_list = parse_html(html)
        save_mysql(info_list)
```

执行代码文件，然后到MySQL命令行客户端执行如下SQL语句查看数据：

```
mysql> select * from search_index;
```

可以看到有3条数据被成功插入了数据库中，如图11-7所示。

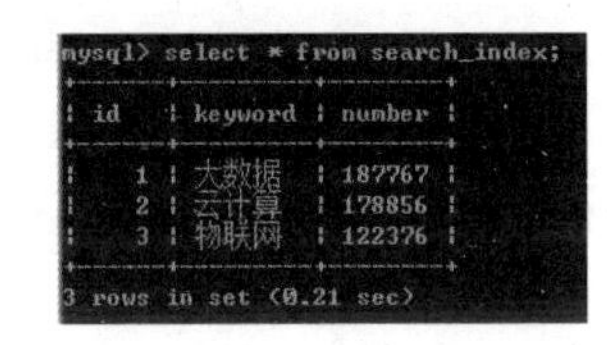

图11-7 search_index表中的记录

11.7 本章小结

网络爬虫的功能是抓取网页数据，为搜索引擎系统或需要网络数据的企业提供数据来源。本章介绍了网络爬虫程序的编写方法，主要包括如何请求网页以及如何解析网页。需要注意的是，在网页请求环节，一些网站设置了反爬机制，可能会导致我们爬取网页失败。在网页解析环节，我们可以灵活运用BeautifulSoup提供的各种方法获取我们需要的数据。同时，为了减少程序开发的工作量，我们可以选择包括Scrapy在内的一些网络爬虫开发框架编写网络爬虫程序。

11.8 习题

一、选择题

（1）下列关于网络爬虫的叙述错误的是（　　）。

A．网络爬虫是用于网络数据采集的关键技术

B．网络爬虫是一个自动爬取网页的程序

C．网络爬虫是搜索引擎的重要组成部分

D．网络爬虫爬取网页的全过程都需要在人的指挥下开展

（2）以下哪个不属于网络爬虫的类型？（　　）

A．通用网络爬虫　　B．聚焦网络爬虫

C．增量式网络爬虫　　D．表层网络爬虫

（3）关于requests，下面哪个不是该库提供的方法？（　）

A．post()　　B．push()　　C．get()　　D．head()

（4）关于BeautifulSoup四大对象，下列说法正确的是（　）。

A．Tag对象表示HTML标签中的文本

B．使用.string()方法获取到标签内部的文字，是一个string对象

C．BeautifulSoup对象表示的是一个文档的全部内容

D．Comment对象的输出内容包括注释符号和注释内容

（5）以下哪个不是BeautifulSoup从HTML中找到所需数据的方法？（　）

A．遍历文档树　　B．搜索文档树

C．使用CSS选择器　　D．使用PPT选择器

（6）关于find()和find_all()方法，下列说法正确的是（　）。

A．find()方法的返回值是一个由Tag组成的列表

B．find_all()方法的返回值是第一个匹配到的条目

C．find()和find_all()均可以自定义过滤器

D．find()和find_all()只能搜索到Tag的直接子节点

（7）假设标签为<a href="http://www.***.com" class="link" id="No.1" >Search</a>，为获取id的属性值，应该使用下面哪个语句？（　）

A．soup.a.attrs('id')　　B．soup.a.get('id')

C．soup.a.get_attrs('id')　　D．soup.a('id')

（8）假设标签为<a href="https://www.***.com" class="movie">Relax</a>，使用CSS选择器通过类名查找标签，下列语句正确的是（　）。

A．soup.select('#movie')　　B．soup.select('%movie')

C．soup.select('movie')　　D．soup.select('.movie')

（9）下列代码段执行完成后，正确的输出是（　）。

```
from bs4 import BeautifulSoup
html = """<a href=" http://www.***.com " class="link"><!--Crawler--></a>"""
soup = BeautifulSoup(html, 'lxml')
print(soup.a.string)
print(type(soup.a.string))
```

A．
```
Crawler
<class 'bs4.element.Comment'>
```

B．
```
<!--Crawler-->
<class 'bs4.element.Comment'>
```

C．
```
Crawler
<class 'bs4.element.NavigableString'>
```

D．
```
<!--Crawler-->
<class 'bs4.element.NavigableString'>
```

（10）下列代码段执行完成后，正确的输出是（　）。

```
from bs4 import BeautifulSoup
html = """<head>
            <title>Hello C++</title>
            <title>Hello Java</title>
            <title>Hello Python</title>
          </head>"""
soup = BeautifulSoup(html, 'lxml')
print(soup.head.string)
```

A. None　　B. Hello C++　　C. Hello Java　　D. Hello Python

二、简答题

（1）请阐述什么是网络爬虫。

（2）请阐述网络爬虫有哪些类型。

（3）请阐述什么是反爬机制。

（4）请阐述用Python实现HTTP请求的3种常见方式。

（5）请阐述如何定制requests。

（6）请阐述使用BeautifulSoup解析HTML可以使用哪些解析器，它们各有什么优缺点。

实验7 网络爬虫初级实践

一、实验目的

（1）掌握网络爬虫程序的基本编写方法。

（2）掌握网络爬虫中requests、BeautifulSoup和CSS选择器的基本使用方法。

二、实验平台

（1）操作系统：Windows 7及以上。

（2）Python版本：3.12.2版本。

（3）解析器：BeautifulSoup。

三、实验内容和要求

（1）访问豆瓣电影Top 250，获取每部电影的中文片名、排名、评分及其对应的链接，按照“排名-中文片名-评分-链接”的格式显示在屏幕上。

（2）访问豆瓣电影Top 250，在问题（1）的基础上，获取每部电影的导演、编剧、主演、类型、上映时间、片长、评分人数以及剧情简介等信息，并将获取到的信息保存至本地文件中。

（3）访问微博热搜榜，获取微博热搜榜前50条热搜的名称、链接及其实时热度，并将获取到的数据通过邮件的形式，每20秒发送到个人邮箱中。

四、实验报告

<table>
<tr><td colspan="6">“Python程序设计基础”课程实验报告</td></tr>
<tr><td>题目：</td><td></td><td>姓名：</td><td></td><td>日期：</td><td></td></tr>
<tr><td colspan="6">实验环境：</td></tr>
<tr><td colspan="6">实验内容与完成情况：</td></tr>
<tr><td colspan="6">出现的问题：</td></tr>
<tr><td colspan="6">解决方案（列出出现的问题和解决方案，列出没有解决的问题）：</td></tr>
</table>

参考文献

[1] 林子雨.大数据技术原理与应用[M].4版.北京：人民邮电出版社, 2024.

[2] 林子雨.大数据导论[M].2版.北京：人民邮电出版社, 2024.

[3] 林子雨, 郑海山, 赖永炫.Spark编程基础（Python版）[M].2版.北京：人民邮电出版社, 2024.

[4] 林子雨.大数据导论——数据思维、数据能力和数据伦理（通识课版）[M].2版.北京：高等教育出版社, 2024.

[5] 林子雨.数据库系统原理（微课版）[M]. 北京：人民邮电出版社, 2024.

[6] 林子雨.数据采集与预处理[M]. 北京：人民邮电出版社, 2022.

[7] 林子雨, 赵江声, 陶继平.Python程序设计基础教程（微课版）[M].北京：人民邮电出版社, 2022.

[8] 林子雨, 郑海山.Python程序设计实验指导与习题解答[M].北京：人民邮电出版社, 2022.

[9] 林子雨.大数据基础编程、实验和案例教程[M].3版.北京：清华大学出版社, 2024.

[10] 赖明星.Python Linux系统管理与自动化运维[M].北京：机械工业出版社, 2017.

[11] 明日科技.Python从入门到精通[M].3版.北京：清华大学出版社, 2023.

[12] 董付国.Python程序设计基础[M].3版.北京：清华大学出版社, 2022.

[13] 董付国.Python数据分析、挖掘与可视化[M].2版.北京：人民邮电出版社, 2024.

[14] 嵩天, 礼欣, 黄天羽.Python语言程序设计基础[M].2版.北京：高等教育出版社, 2017.

[15] 张良均, 谭立云, 刘名军, 等.Python数据分析与挖掘实战[M].2版.北京：机械工业出版社, 2019.

[16] 方小敏.Python数据挖掘实战[M].北京：电子工业出版社, 2021.

[17] 邓立国.Python数据分析与挖掘实战[M].北京：清华大学出版社, 2021.

[18] 刘鹏, 高中强.Python金融数据挖掘与分析实战[M].北京：机械工业出版社, 2021.

[19] 王丽丽, 戎丽霞.Python数据分析与挖掘（微课视频版）[M].北京：清华大学出版社, 2023.

[20] 王洁, 李晓.Python数据分析与数据挖掘[M].北京：清华大学出版社, 2023.

[21] 程恺, 刘斌, 邹世辰, 等.数据分析与挖掘实践（Python版）[M].西安：西安电子科技大学出版社, 2023.

[22] 毋建军, 姜波.Python数据分析、挖掘与可视化[M].北京：机械工业出版社, 2021.

[23] 齐福利, 杨玲.Python数据分析与挖掘[M].北京：人民邮电出版社, 2023.

[24] 埃里克・马瑟斯. Python编程从入门到实践[M]. 袁国忠, 译. 2版. 北京：人民邮电出版社, 2020.

[25] 韦斯・麦金尼.利用Python进行数据分析[M]. 徐敬一, 译. 2版. 北京：机械工业出版社, 2018.

[26] 明日科技, 李磊, 陈风. Python网络爬虫从入门到实践[M].长春：吉林大学出版社, 2020.

[27] 高博, 刘冰, 李力. Python数据分析与可视化从入门到精通[M].北京：北京大学出版社, 2020.

[28] Wesley C. Python核心编程[M]. 孙波翔, 李斌, 李晗, 译. 3版. 北京：人民邮电出版社, 2016.

[29] 李珊. 跟我一起玩Python编程[M].天津：天津科学技术出版社, 2019.

[30] 王宇韬, 房宇亮, 肖金鑫. Python金融大数据挖掘与分析全流程详解[M]. 北京：机械工业出版社, 2019.